比邻泥土香（10）

社区伙伴 编

中国环境出版集团 · 北京

图书在版编目（CIP）数据

比邻泥土香. 10 / 社区伙伴编.
— 北京 : 中国环境出版集团, 2018.9
ISBN 978-7-5111-3827-9
Ⅰ. ①比… Ⅱ. ①社… Ⅲ. ①生态农业—文集 Ⅳ. ① S-0
中国版本图书馆 CIP 数据核字（2018）第 209813 号

出 版 人　武德凯
责任编辑　董蓓蓓　谷妍妍
责任校对　任　丽
封面设计　梁　娜　张晓磊

出版发行　中国环境出版集团
（100062　北京市东城区广渠门内大街 16 号）
网　　址：http://www.cesp.com.cn
电子邮箱：bjgl@cesp.com.cn
联系电话：010-67112765（编辑管理部）
发行热线：010-67125803，010-67113405（传真）
印　　刷　北京中科印刷有限公司
经　　销　各地新华书店
版　　次　2018 年 11 月第 1 版
印　　次　2018 年 11 月第 1 次印刷
开　　本　170×270　1/16
印　　张　6.5
字　　数　160 千字
定　　价　30.00 元

时间的力量（代序）

熟悉《比邻泥土香》的读者大概都知道，我们做得特别慢。这种慢当然与我们自身的限制有关，比如编辑团队分隔异地、身兼数职、专业度有待提升等。但无论如何，在智能手机、互联网变成生活“必需品”的年代，阅读习惯与传播方式日新月异，我们有些时候也在想，制作这本《比邻泥土香》，为的是什么？

互联网、数据系统为我们带来的便捷，大家都深有体会。信息便利自不待言，我们生活的方方面面，好像都已能通过两个手指头的来回移动给解决。足不出户解决一日三餐，连接网络享受不同的在线娱乐，与亲友在朋友圈、微信群及红包中你来我往互通有无，连哄小孩吃饭、上厕所也有平板电脑提供贴心的帮助……然而，打开手机地图时它旋即定位的功能，浏览社交媒体时根据过去记录弹出的广告，个人资料上载至自己无法控制的空间等，总是让人有些犹豫。犹豫的是，为了更快更便捷，我们的代价是什么。

自然的时间与节奏，叫春生夏长秋收冬藏，天体的运转决定了大地的变化，在大地上生活的人们效法自然，根据变化来调适自己的生活。后来，当更高更快更强成为主流共享的价值时，其他的便成为历史。然而，我们既然还是自然的一份子，自然节奏始终对我们有着决定性的影响。如果尝试从自然的规律中获取灵感，思考我们的种养、起居饮食、衣食住行、阅读学习等生活方式，或许会让我们找到走出困局的路径。

尽管科技发展成今天这种天罗地网式的阶段，始终有些事情让我们感动、珍惜。比如人与人真实的关系，比如按照自然规律躬耕于天地之间的生活，比如通过与别人合作慢慢为社区乃至社会带来转变的努力。不难发现，这些我们所珍惜的东西与时代的主旋律不一定吻合，在这样的大背景下如何自处，是不容易回答的提问。这一期我们制作了“看见小农”专题，介绍了“转型城镇”运动在国内外的探索与思考，并请不同伙伴分享他们如何在这日新月异的时代下思考，寻找多样化的幸福生活方式。

这期的《比邻泥土香》由邓文嫦、陈宇辉、郭婷、梁笑媚编辑，中国环境出版集团的编辑对本书的出版提供了大量的帮助，同时感谢所有的作者和对本书编辑出版提供帮助的仁人志士，没有你们的努力我们也无法与读者分享这些动人的故事。

思考、讨论从来不孤立于社会之外，相反往往因社会现实应运而生。《比邻泥土香》的内容与制作方式，正是我们回应当今社会的一种尝试。

《比邻泥土香》编委会

2018 年 8 月

目录

▶ 专题：“看见”小农

▶ 见远：转型城镇

▶ 行动者：多元意义的教育

▶ 解读：书影推介

专题 | “看见”小农

想那在土地上的农人们

文 / 陈宇辉

以“看见小农”作为这期杂志的专题，无窝是一次对自身工作的叩问。

于2010年年中加入社区伙伴工作时的我，还会跟着伙伴去拜访投入到生态种植的小农，在桂林兴平的农村帮忙建房、点柚子树的花，或在韶关罗坑学建鸡舍、切南瓜片喂养土猪，用亲身的接触体会着农家的生活，从而引发我们对社会改变的想象。

随着时日推进、形势发展，“社区支持农业”形成某种小潮流，社会的关注度日益增加，而我参与的工作却离土地、农村、农人越来越远。“社区支持农业”变成了每年的大会和论坛，变成了解决都市人食品安全危机的良方，变成了产业链、产销关系。伴随物流业的发展、移动通信及电子商务的变革，“社区支持农业”以具有当代中国特色的方式落地，而农人却在某种意义上渐渐从喧闹的派对中日渐远去。然而，最后呈现在餐桌上的农产品毕竟只是整件事情的一小块拼图，我们如何才能突破舍本取末、见树不见林的现状呢？

当团队开始构思这个专题时，曾一度纠结谁是“小农”。传统的农民就是小农？种植面积在10亩、30亩、50亩？那51亩的算不算？幸好陈顺馨老师的《落地生根——社区支持农业之甦动》一书中《再认识以农为本生活的价值》一文给予了我们灵感。她在文首引用了成都华德福学校周远斌老师的一句话——“每个人都是农民”，提醒我们每一个人都与土地密不可分。以农为本的生活意味着对“身土不二”的认同，意味着遵循大自然一年四季的规律，意味着因感恩大自然滋养我们而带来的完整生命选择。带着“以农为本的生活”去看“谁是小农”这一提问，或许比斟酌“小农”的定义更有启发。

怀着这样的省思，我们尝试通过专题中的系列文章展示生态农产品以外的农人面貌。黄寅的文章与我们分享了侗族村寨龙运才队长对自己家乡的理解与想象。土地上长出来的庄稼及农产品，对龙队长及村民来说既是温饱的来源，也是文化的传承，更是人与土地的一道桥梁。

袁舍的文章则以社区工作者的角度，分享了广西都安一个在地的生态农耕实践案例。袁舍与胜哥及韦金放等探索生态农耕的可能性，与很多

农友把农产品销售到远方大城市的做法不一样，他们尝试与村子周边的学校、就近的县城建立产销关系，寻找一种相对短距离、在地的运作模式。在偏远的都安地区，袁舍带着在地的社区发展视角，在陪伴小农中反思、前行。

来自宝岛台湾的陈怡桦到“天府之国”的四川成都，以4位农人两段故事的方式呈现现代小农的生活实践。在成都上游耕种的郑军大哥与王成大哥，本着对自己身体与土地河流健康的关注，以生态种植的方式承担起自己的责任。王大哥已实践生态种植10多年，他与家人的生活鼓舞着众多的后来者。接着怡桦介绍了返乡青年唐文苹及唐亮的故事，文章没有聚焦在两位“耳熟能详”的返乡青年本身，而是通过他们的家人与社区来呈现返乡这一行动背后所承载着的生活内涵。

敏涛与小泰的一组文章则通过跨国的对照，展示了年轻农人们的困惑与挣扎。敏涛与小泰于2017年9月在泰国的“正念市场社会企业课程”中认识并交流了彼此的返乡经验；敏涛刚回家两三年，而小泰则在家乡扎根10多年。虽然两人的经历、社会背景不尽相同，但读着两人分享自己的思考、与家人的互动等，不能不为其异曲同工之妙而会心微笑。

这次我们也请来了日本《东北食通信》的创办人高桥博之先生分享他的经验。高桥先生正通过办一本附上食材的杂志，促进城市人对一级生产者（《食通信》会介绍农人及渔人）的了解，增进与生产者的双向沟通。高桥先生曾跟我们说过，现在（日本）有太多媒体介绍食物的传播，他希望他们办的杂志聚焦在生产者身上而不是产品本身。他认为，读者只有了解了“产品”背后的故事，包括生产者的生活、理念、生产过程等，才能（并自然会）体会到食物的滋味。

最后，贵州乡土文化社的李丽把“小农”放回宏观社会脉络去理解，从历史文化、社会经济等不同角度梳理百年以来的变迁，让我们在阅读专题所呈现的文章之余，有了个更完整、更宏观的参照。她在文章最后提到新科技带来的机遇与挑战，在网络、手机无远弗届的今天，可谓是非常及时的提醒。

赖青松大哥说过，正是因为农人每天都在田里干活，体悟天地，所以每一位农人都是哲学家。晴耕雨读虽是传统的理想，但现实中这种能种田又能读写的农人却为数不多，这当中有社会结构所带来的限制（如过去“能读书”的农村子弟大概不会去下田），也有农人本身的特质（他或许更喜欢与土地作物等打交道）。如何让人们多向农人学习，而不只是消费其生产的农产品，正是时代抛给我们的命题。

陈宇辉
社区伙伴城市项目项目统筹

知足 自主的 快乐农人

文 / 黄 寅

“一根禾，被太阳晒到的才饱满；一根禾，长在田榜边，被老鼠吃被草掩……”

2017 年秋天，又到一年收粮回家的时节，朝利村的村民一边折禾一边唱着这首“活路歌”，与祖祖辈辈的农人一道感受着同样的丰收喜悦。

”

重拾的侗歌

朝利村位于贵州省黔东南州从江县西北面，处往洞乡东部。据已故贵州省民族研究所所长向零考证，朝利村曾为元、明、清三代曹滴洞蛮夷军民长官司驻地（该长官司直至清代康熙二十三年即公元 1684 年才废），是黎平、从江、榕江交界地统领一方的村寨。侗族历史上有两个著名的款组织[1]：一为“九洞款”；二为“六洞款”。朝利属九洞款中的下半款，而下半款的“总萨”[2]又设在朝利村，若举行重大祭萨活动，款属村寨都汇集到这里进行公祭，再加上九洞地区田宽地肥、溪河密布，曾是南部侗族地区富庶的地方之一，历史上很多侗文化也源于该区。朝利也是侗族大歌的发祥地之一，按曲调来分，侗族大歌一般分为“朝利大歌”“小黄大歌”“高增大歌”“三龙大歌”等；又据《从江县民族志・侗族篇》描述，“多声部大歌曲调以朝利歌为正宗”[3]。

---

① 款是侗族特有的一种社会组织。根据汉族文献记载，款组织出现在宋代，在民国以前仍活跃于侗族社会中，是多个村寨组成的实施民间自治的社会组织实体。

② 萨是侗族信奉的祖母神，萨坛就是祭祀祖母神的地方。

③ 潘永荣，吴荣，李筱竹．都柳江流域侗族乡土知识调查——以从江县朝利村为个案 [R]．贵州民族研究所《六山六水调查》，2005.

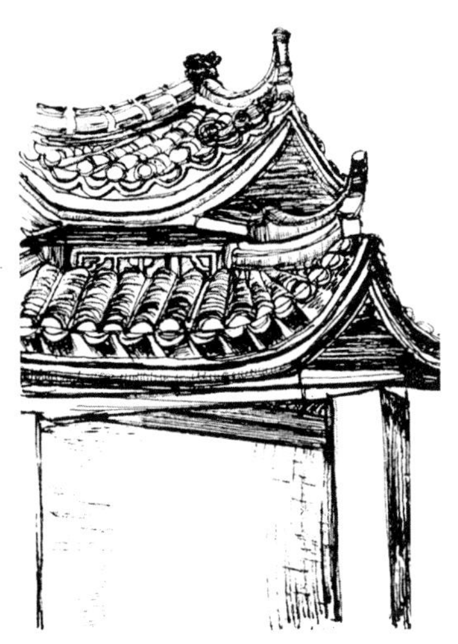

当前在朝利，有教唱歌的歌师、有学唱歌的小孩、有出去对歌的歌队，还有负责组织协调对歌、比赛的歌队总队长。总队长名叫龙运才，村里人都喊他补友英（意为友英爸爸），外面人喜称龙队长。龙队长健谈，历数朝利歌队这些年来比赛取得的好成绩时，自豪之情溢于言表。这种自豪不仅源于外界对朝利侗歌队的认可，更包含这些年朝利的年轻人为延续祖先的传统所做的努力。

朝利侗歌曾经非常有影响力，侗族有句古语说：“种田的人看老天，作伴（恋爱）的人看唱歌。”龙队长年轻时就是因为侗歌唱得好才娶到媳妇。 侗族地区著名的戏师和歌师梁维安[1]说过：“汉族有读不完的书，侗家有唱不完的歌。”梁维安认为侗歌是侗族生活生产的百科全书，也是记录侗族历史和祖先故事的口述史，更是侗族人滋养内心的良方。但是，20 世纪 80 年代，由于外出打工等原因，在朝利唱侗歌的人越来越少。龙队长十分着急，就在 1992 年，重新在村里开始教歌，慢慢把唱侗歌的气氛又带动起来。

现在，朝利村里有 4 支（4 个鼓楼，每个鼓楼保有 1 支，是最基本的原则）男歌队、4 支女歌队，还有少儿队。一开始，只是朝利村 4 个鼓楼之间互相对歌，后来很多村邀请朝利歌队去唱歌，于是在 2013 年，龙队长就从歌师变成了歌队的总队长，协调歌队的比赛、与其他村寨对歌交流、村子侗歌传承等事情。2014 年，贵州省举办“首届侗族大歌传承保护发展百村歌唱大赛”[2]，朝利歌队拿了第二名，之后每届比赛都取得非常出色的成绩。村里的老人非常高兴，很多在外打工的年轻人也来问“回家能参加歌队不”。

龙队长说，这就像将军领着士兵们去打仗，鼓起了士气大家自然就愿意加入。为方便在外面打工的朝利年轻人，现在村里成立了一个叫“大王金随”[3]的微信群，100 多位对侗歌有兴趣的朝利村民在群里交流和学习侗歌。龙队长也因为在村子里做了这么多事情，从年轻时就成为这一代人的“罗汉头”[4]，带着同龄的男人为村里做事。

---

① 梁维安：贵州从江龙图人，当代侗戏工作者，从江县文化馆馆长，贵州剧协会员，全国少数民族戏剧学会会员，省级文化系统先进工作者，创作《三娘争奶》《送礼》《姑妹》《古榕人家》《古榕春色》《官女婿》等侗戏剧本，并参与创编侗族歌剧《蝉》，使侗戏有了歌剧。

② 贵州省榕江、从江、黎平和广西三江、湖南通道 3 省 5 县共 101 支侗族大歌队 2000 余名侗歌歌手参加了第一届比赛，之后每年年底由政府牵头举办，2017 年 11 月在贵州榕江举办了第四届比赛。

③ 吴金随是清朝中后期朝利村出的一位领袖，年轻时即被推为九洞款首。咸同年间官府横征暴敛，盗贼蜂起，他率领款兵四处拒盗，屡战屡胜，保境安民，人称“大王金随”。咸丰十一年（1861 年），由于官军对太平军的血腥镇压，太平军天俸王刘定国部退逼九洞，想以九洞地区为根据地，遭到九洞侗民反抗，在吴金随的率领下，九洞侗族款军将刘定国部击溃，黎平知府袁鸿基获知后，欲授吴官职，吴却拒之不受，宁居乡里。在晚年时期，他沉迷于侗歌创作，编出不计其数的侗民歌，并自成体系，被侗族地区称为“朝利大歌”。

④ 侗族村寨里，男青年的带头人称“罗汉头”，女青年的带头人称“姑娘头”。

稻美鱼肥庆丰收

侗族谚语说“饭养身，歌养心”。只做好农活没有歌，日子没有趣味；只有歌没有好的糯米吃，唱歌没有底气。这些年，朝利的歌又被重视起来，但是农业的很多事却在不知不觉中慢慢变了。一些传统的习俗丢了、务农的人开始少了、与种糯谷相关的一些技术和品种也没有了。

2017 年年初，龙队长和村里其他一些中年人决定恢复传统的泥鳅节——这是春耕前一个祈求风调雨顺、来年丰收的祭祀活动，在当地已经消失了 60 多年。活动举办时，全村积极投入，很多外村的村民听说朝利恢复泥鳅节也来凑热闹。然而，由于品种的改变和冬耕种植的推广，不再留泡冬田，尤其是这 10 多年来长期使用化肥农药，田里已经没有泥鳅了。老人们来参与，也发现中年人的一些做法不对，活动中缺少很多重要的仪式和必要的歌舞，村民们也纳闷，泥鳅节没泥鳅如何过？

龙队长觉得很不好意思，但也发现了村民们对传统节日和农法的关注，就在这一年恢复用坝子田种植香禾糯，重新用传统和生态的方式耕种，在得到村民的认可后，第二年好好准备、重新恢复这个节日。

秋天，我们又走访朝利村，龙队长大笑着说：“一定要来家里吃烧鱼啊，鱼长得太好了。”2017 年的糯谷收成特别好，田里的鱼也特别肥美。

往年大家都是在坝子田种籼稻，这样好管理、产量高，每家只在山上种一点糯稻，用来过节和办酒席，全村还保留着七八个品种，但是村民回忆说，以前老祖宗留下来的歌里面唱到本地应该有十几个品种呢，现在丢失很多了。2017 年开春后，龙队长和村委以及一些年轻人动员大家用生态的方式种糯稻，并且要用最好的坝子田来种，坝子田水源好、光照强，而且糯稻不用化肥，因为种植的是老品种，也没有病虫害。最终朝利村 200 多亩坝子田全种上了糯稻，家家都有好收成。10 月，村委和龙队长一起在村里搞折禾比赛，几十位村民一起来折禾。龙队长说，种地很花力气，搞折禾比赛是想让大家一边唱歌一边折禾，再一起开田烤鱼喝酒，在快乐中庆祝丰收。

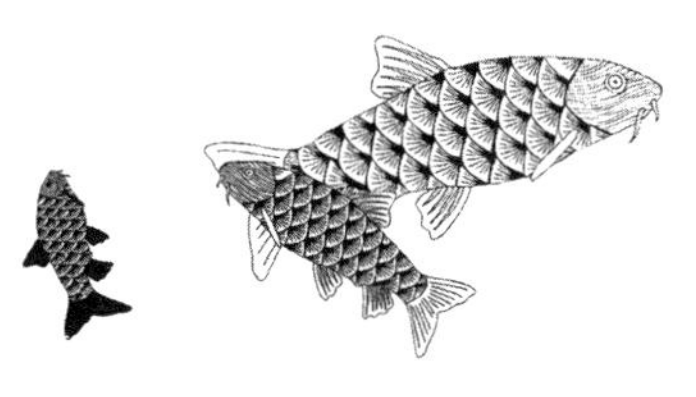

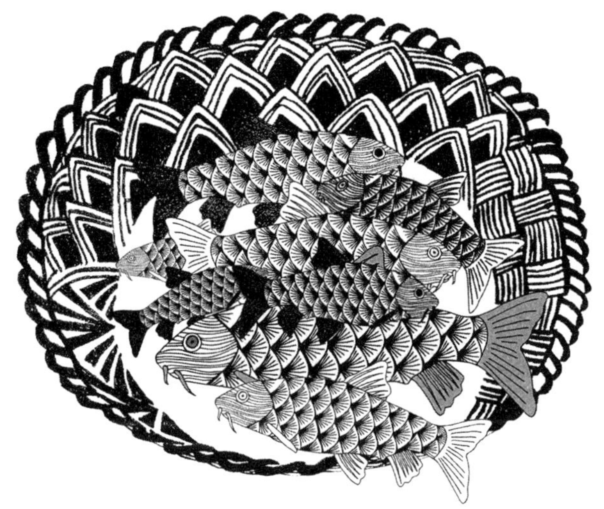

这个秋收龙队长很忙，国庆过后刚刚花了十几天把家里的糯谷收了，在村里办了折禾比赛，又赶上村里有不同的人家办红事、白事，龙队长要去统筹和协调。家里好几天没开火了，龙队长顿顿带着我们在村里吃流水席。席上的菜基本都是村里供应的，鲜少有外面买的菜。龙队长说，这不就是生活在农村最好的事情吗？什么都可以自给自足，办红白事的人家可以向亲戚借猪、借牛，自家多种一些糯谷、多养一些鱼、多烤一点酒，事情就办下来了，亲戚朋友来吃酒的时候也会送谷子，种一季可以吃3年。同桌吃饭的村会计说，今年家里种的糯谷有几千斤，两口子外加亲戚帮忙还花了24天才收完。

为什么收糯禾需要这么长的时间呢？因为收割糯禾要用专用的摘禾刀。摘禾刀是一种自制的半圆形内镶锋利刀片的工具，其大小刚好能够用手掌握住，使用时，右手大拇指与食指捏紧摘禾刀，刀口向内，左手抓住禾秆，右手用刀将禾秆截断，如此一株一株截下，直到左手捏满后，捆成一束。收割糯禾一般都在中午，早上由于有露水，比较湿润，收割回来后容易发霉，因此不能在早上收稻子。当地收稻子时，还忌讳吹口哨，认为吹口哨会把稻米吹到天上去，减少收成。为避免得罪“谷神”，村民们在进田收割时都要说上这样一段侗语顺口溜：“收一株有一把，收两株有一捆，白天收割让人挑得累，直到晚上还挑不完，田里还剩许多等着挑，白天只摘一小块，晚上挑来装满仓。”[①] 如果是籼稻三四天就收完了，因为用镰刀收下来再用脱壳机一打就能完事了。为什么这么辛苦还要种这么多糯稻？村会计但笑不语。原来是他家孩子可能这几年要办喜事，所以家里提前几年就开始做准备——自家里养的牲畜和种的糯谷就像存银行，提前做好准备可以借给其他村民，等你家办酒请客的时候自然有村民作为礼物赠送给你或是还给你。

① 潘永荣，吴荣，李筱竹. 都柳江流域侗族乡土知识调查——以从江县朝利村为个案 [R]. 贵州民族研究所《六山六水调查》，2005.

做知足自主的农人

朝利村历史上就是侗族地区的“鱼米之乡”，田比较多，水源好，种出来的米产量高、口味好，有一首侗歌也唱道“高传的香、信地的梳子、吾架的席子、牙现的板凳、增盈的稻芽糖、朝利的米和布”，说的就是不同的侗族村子都有擅长的手艺和产品，村民在市集上交换、买卖，满足生活需要。朝利历来以大米和棉布出名，现在仍保留这个优势。贵州省民族研究院的潘永荣老师说，侗族传统上就是“一村一品”，因为每个村子有不同的地理条件，侗族乡民就根据自己的自然环境创造出能满足传统生活需要的产品，用以物易物的方式来满足自己生活的需要，例如，从江的岜扒村田地少，但是有几座石灰山，他们就挑石灰（用于染布）到其他村换米吃。这样整个侗族片区都能用这种生计互补的方式满足生活需求，所以侗族传统的自给自足并不是单纯地满足自己的需要，而是整个侗族社会相互补充且互相需要，这种传统的市集产品交换也推动村寨之间的信息交流、品种交换和文化交往。

现代社会，传统以物易物的方式已经不存在，大家对现金的需求开始慢慢增大，外出打工成为普通村民赚取现金最直接的方式。前几年，村里请客送礼的“礼”越来越大，村民都觉得压力很大，甚至有些村民因此外出打工，逃掉一些人情往来。后来寨老们一起商议，觉得村民不堪重负，人情也会越来越淡薄，就重新商议了送礼的标准——在家务农的送礼以稻谷为主，在外工作的以送现金为主。周边一些村寨看到朝利这样改，也跟着学，可以说在一定程度上维护了侗乡的传统。

龙队长说：“在朝利村，钱多并不值得炫耀，有足够的可以拿出来和大家一起吃的鱼和糯稻才是一个好农民，人家才会看得起你。”龙队长在20世纪90年代也出去打过工，但短短一个月就回了家，他说：“想起家里的女儿没有鱼吃，心里好慌啊，觉得对不起她。”龙队长家的田很远，如果他不在家，妻子没精力管理好田和鱼。一想到稻子成熟时家家户户都会邀请朋友来抓鱼烤鱼，自己的女儿没法邀请朋友来玩，也没有鱼吃，他心里就不安。这之后，龙队长再也没有外出打过工，一直安安心心在家里务农。

在朝利，开田捉鱼是年轻人以及小孩特别重要的社交活动，每一个做父亲的都必须为自己的孩子准备好田养好鱼，等着孩子邀请朋友来玩；而母亲则要种棉花为孩子结婚准备足够的棉被。除了有工作的人（指有固定工资的公务员、老师等），办红白事时或是过节有亲戚来家里做客时，如果你的鱼、你的糯谷、你的猪是用钱买来的，就会被认为不是一个勤快的农民。在朝利传统中，作为农民就是要管好自己的田和牲畜，这些都做不好，会被人嘲笑。

侗族有一句谚语“庄稼是大本，生意只为眼前花”，意思是出去打工赚点现金只是为赚一点零花钱，只能应付一时一刻的需要，并不是长久之计。侗族应该以农耕为根本，这是一个侗族农民的家底，种好庄稼养好土地，就什么都不用发愁。

通过对朝利村的观察，我们看到传统文化的力量正在帮助村寨缓缓地向前走。村民们看到现代社会给村寨带来的压力，例如，丢失了一些祖辈留下来的老品种，使用化肥对土地和生活在田间的生物带来的影响，过度请客送礼给村民带来压力……他们有能力去思考这些变化对村寨带来的影响，然后再以积极的行动去回应这些影响。这些行动给村民带来了幸福感，也加强了村寨的凝聚力，更创造了很多机会让村民与祖先联结、与文化联结、与自然联结、与社区联结，然后强化了作为侗族农民的身份认同。在朝利，很多人家都过着知足、自主的生活。有客人来的时候，家里什么都有，想吃什么都不用花钱买；过节的时候村民们一起喝酒、对歌、唱戏，对歌的时候大家总是互相夸赞、快乐无忧。朝利的罗汉会唱道：“美丽的姑娘，请你嫁到朝利来；朝利山也好、水也好；有棉花、有糯禾；有鼓楼群、有风雨桥；在这里会过上好日子！”

黄 寅
志愿者 协作者

年年丰收

九分石头一分土

——都安小农的实践

文/袁 仓

“

都安位于广西桂中偏西，地处云贵高原南端，是号称“九分石头一分土”的石山王国，素有“千山万弄”之称。这些“山弄”被大山环绕，受自然条件的限制，耕地面积并不多，大多仅有几十亩。与此同时，都安又是一个人口大县，2014 年都安人口为 70.21 万人，按全县耕地面积 3.08 万公顷来算，人均还不到 1 亩地，且七成是山地。因地方资源稀缺，当地政府鼓励年轻人外出务工转移就业，家长教育孩子以“跳出农门，离开农村”为求学目的，导致大批年轻人背井离乡外出务工。农村因为劳动力转移，留下更多老弱妇孺从事农业，种养殖仅追求简单化和高产量，慢慢地化学肥料代替了原本的堆肥、除草剂代替了人工除草、外来新品种代替了自留种，农业对于部分家庭来说更是可有可无的生计方式之一，以致农业耕作方式在近 10 多年发生了很大变化。

过去 10 年来，笔者一直在世界宣明会工作，负责都安的农村社区发展项目。世界宣明会是一个以提高儿童福祉为宗旨的机构，在推动生态农业的过程中，始终以提高项目社区的儿童获得当地所产健康、安全食物的可及性为最根本的出发点。一开始项目组并没有太多去考虑生态农产品往外销售的问题，更希望社区自给自足，首先要满足自己及所在社区儿童的需要。初次与农户交流，我们很注重农户自己家庭是否吃得健康，然后是周边的人是否吃得健康，所以剩余生态农产品就近销售成为我们考虑的策略之一。本文是笔者在都安推动生态农业过程中与农友交往的故事，借此粗略描绘一个小县城的生态小农身影。

”

蔬菜：农友与学校的桥梁

胜哥是都安县弄豆屯的农民，2010年之前夫妇俩一直在外地务工。“家里有6亩旱地，每年开春种玉米，收割后再种上黄豆或红薯，收入不到2000块钱，地里的作物一年可以养两三头猪，可是要养上至少一年，减去购买猪崽、运费等支出，可以再增加2000块，这样的收入很难养活一家人。要不是因为孩子上学，我是不会考虑回来的。”对胜哥而言，回到山里住实属无奈，只是因为孩子到了上学年龄只能带回村里上学。

回到社区后，胜哥作为社区组织者之一申请了世界宣明会的社区发展基金，勒紧裤带带领屯里乡亲们修路，两年多才让弄豆屯通了公路。在组织村民参与社区事务的过程中，胜哥个人的沟通、策划及组织能力得以锻炼，在社区中也逐渐拥有一定的威望，随后开始参与村委工作，同时也在思考社区的进一步发展。社区发展的关键在于人的发展，而当前农村空心化的程度很严重，在社区中很难找到年轻人，特别是有组织能力的年轻领袖。胜哥等社区领袖的存在，有利于组织社区村民开展公共事务；另外，也容易成为新事务的实践者从而为周边农户作示范。为了支持他们的学习和工作，我们常常会安排各种交流与外出考察，以扩展他们的视野和想法。

通过参与宣明会组织的一次生态种植考察及经验交流活动，胜哥看到其他社区生态种植方式有不少成功案例，而且大家对于食品健康的关注也不少，便与弄豆屯的农户讨论，社区内如何开展对环境友善的种养以增加收入。大家觉得弄豆屯水源好，适合种植蔬菜，往年种植蔬菜收获比较好，选择大家比较擅长的蔬菜种植作为发展项目之一应该可行，可关键是以前路不通，大家都没有农产品对外销售的经验，种好了蔬菜怎么销售成为最大的问题。

了解到胜哥的难处后，笔者同事与胜哥一起分析，是否可以就近找到一些有需求的客户。这么一想，大家都觉得本地的学校可以试试，因为政府开始重视营养餐，每天学校蔬菜的需求量不小。但是与学校建立关系达成合作，需要一些前期工作的铺垫，于是，我们尝试与本地学校的领导、老师进行儿童饮食健康的分享与讨论，与学校合作开展家长儿童健康饮食交流、儿童种植体验等活动。通过这些活动增进学校领导、老师、儿童及其家长的健康知识，不仅让学校老师重视食品健康，也让家长关注儿童营养餐的健康。几经努力，终于促成当地小学校长与胜哥沟通达成合作意向，每天给学校供应 50 斤蔬菜。

2014 年 9 月，5 户弄豆屯的村民开始合作种植蔬菜，面积约 5 亩，第二个月便有了收成。种出来的蔬菜品相好的送到学校，品相不好的用来喂猪，猪粪作为肥料供给蔬菜种植，由此形成一个简单循环的生态链。为了让合作种植农户有更正式的身份，笔者和同事商量决定向县经管局的合作伙伴介绍这个合作小组的情况，邀请县经管局对农户进行指导，看看是否可以登记注册为正式的合作社。当时“合作社”这个名词对社区来说还是比较陌生的，为此，同事与经管局的伙伴来到社区，与大家一起分享统购统销如何提高市场竞争力，也邀请安徽阜阳的兴农合作社理事长杨云标先生来到都安做合作社成立及管理的培训交流。大家大致明白了合作社的内涵和意义之后，胜哥便跟农户一起准备好资料，注册了“都安绿色菜园种植专业合作社”。

蔬菜统一定价每斤 2.5 元，第一个学期最后两个多月，农户有 4000 多元的收入，第二学期有 9000 多元的收入。对于合作，因为都是邻近的农户，就像平时农忙互相帮工一样，翻土种植时每户一人一起出工，平时轮流浇水、摘菜并配送到学校，由此，种菜成了大家的零工。如此坚持了两年，时有多余的蔬菜也配送至邻村的学校，200 多名儿童因此得以享受健康的食材。蔬菜种植因保鲜、配送都不容易，只能定量生产，所带来的利润有限，对农户来说，只能作为一种生活补助而非主要生计方式。但通过蔬菜种植，每户每年可增加 4000 多元收入，再加上废弃蔬菜用以养猪，让农户的家庭收入有了一定的提高。

在社区交流活动中，我们邀请胜哥将他们的蔬菜种植经验和销售方式分享给周边社区和组织，特别是一些经济独立的幼儿园。本地生态农产品与学校合作的形式，其实更适合幼儿园。正规的学校营养餐，因各层领导担心食品安全问题，以及食品供应利润的驱使，通常由大型食品公司供货，学校自主能力比较弱，与此相比，幼儿园的食品供给相对灵活，为此，我们也努力影响社区幼儿园负责人关注幼儿食品健康，鼓励他们自己种菜或者与周边农户合作，供应园内儿童食用生态蔬菜。如上朝幼儿园、带河蓝天幼儿园便与附近农户合作建立了自己的菜园子，幼儿园 2/3 的蔬菜需求都可在村中满足。在宣明会与幼儿园合作的家长交流会中，幼儿园以保证健康食品作为自己的重要品牌策略向家长宣讲，得到很多家长的认可。

当然事情也并非一帆风顺，过程难免曲折起伏。2016 年，国家开始加快精准扶贫进程，在评选贫困户过程中，有两个农户认为，因为自己是合作社社员所以未能入选政府贫困户名单，得不到任何救助，而别的贫困户却得到政府的物资并援助建房，于是多次表达出反对合作社的意见。为此，胜哥深感困扰，再三考虑解散合作社。在多次听取他的想法后，我们尊重他的意见，所以，合作社于 2017 年年初解散。胜哥自己会继续按原先的目标进行生态种养，给周边村民以示范，现在，胜哥与爱人独自种植 3 亩蔬菜，品质好的供应学校，品相差的用来喂猪。胜哥自己的农产品不多，与学校讨论定量生产，而出产猪崽则联系本地小贩上门收购。胜哥对经济要求不高，生活尚且稳定。

但是，目前从事的种养给胜哥带来的收入毕竟很有限，相对于越来越高的生活需要，两者很不平衡，如何增加适当的收入来支撑家庭的生活需要，是我们正努力思考的。

鸭间稻：家的连系和纽带

第一次见到金放，是在 2015 年 7 月。由于工作需要，我们经常通过与村民互动，寻找对发展议题感兴趣的伙伴及共同的关注点。当时在弄六村委的办公室里，我们正与村民代表探讨村民关注的发展议题，当同事分享与生态农业相关的案例时，金放认真倾听并不时提出问题，让我留意起这个刚返乡，一边从事农业一边协助村委工

作的年经人。

对于农村发展工作来说，最关键的是要推动人的发展，由人去促成事情的发展。现在的农村，年轻人、有能力的人都往外跑，只剩下弱势人群留守，非常缺乏能够自我组织、敢于接受新事物的人。所以，如何寻找有潜力的在地或返乡青年人，陪伴他们成长，是我们乡村发展工作的重要策略之一，为此，在乡村走访的时候我们会有意识地观察对社区发展议题感兴趣、有想法的人，特别是青年人。

时隔两月，广西青年实习生项目组将要举行新一期实习生培训，我于是推荐了金放参加。这一次培训让金放对生态农业及社区支持农业有了比较系统的认识，也就是在那次培训之后，金放开始规划自己的生态农业实践之路。

培训与外出访学，是我们协助农户学习的常用方式。每年我们都会组织村民与周边从事生态农业的社区进行交流学习，对于我们这样的发展机构来说，村民交流学习的收获比投入基础设施建设更有价值。自关注生态农业议题以来，我们项目的村民走访了广西境内的马山、横县、凤山、柳州，以及贵州洛坛、流芳村等地，在金放之前，已经有几个社区的村民开始尝试生态种植。

“实践，才是王道。”这是金放 2016 年 2 月参加广西青年实习生项目组组织的广州访学活动中深深记住的一句话。此次交流过程中，实地拜访了城乡汇、沃土工坊、伴诚品、银林生态农场等机构，并与负责人进行深入的交流。过程中对于年轻人返乡有深入的探讨，也协助返乡青年思考如何在乡村找到适合自己发展的道路，返乡前如何对自己及所处社区的资源进行充分的评估，给自己及所生产的产品以明确的定位。这一过程，让金放更清楚返乡发展所面临的艰辛，却也更坚定了他追求可持续生活的信心，最终金放还是选择了行动，先实践，在实践中学习和调整。

访学归来，春耕也开始了，第一年金放开启了 5 亩稻鸭鱼共作的耕种模式。本来他信心满满想做 10 亩，但在很多同行及朋友的建议下，最终决定先从 5 亩开始，待经验及相关网络成熟后再扩大规模。

大多农友在生态种植的初始阶段都是比较孤独的，周边有很多的不解、疑惑甚至嘲笑，金放也不例外。他尝试向周边不理解的人解释为什么要这样做，但成效甚微。对此，我们想了个办法，与村里的幼儿园合作举办幼儿家长美食比赛，通过活动与众家长分享食品安全问题和生态农业的理念，邀请金放现场参与互动，以增加村民对金放从事生态种植的理解。此外，通过组织村民一起完善田间道路，我们也参与到屯里的村民会议中，与他们一起学习生态农业和社区支持农业的理念和知识。返乡确实不易，发现困难并陪伴他们面对，也是他们坚持下去的力量之一。

第一年金放收获的农产品不多，主要供给自己家庭及亲友食用，事实上，金放并没有很重视销售及收入。我们曾鼓励包括金放在内的几位生态种植农户与农墟平台合作，参与农墟的消费者互动活动。金放觉得第一年种植转换期，产品品质尚不如意，不适合面对消费者。我们也觉得，参与这些与社区有比较长距离的平台活动，需要农人投入大量行政和时间成本，在产品并不多的情况下是比较难坚持的。因为产量不算很大，村里一些进城务工的伙伴认可金放的理念和行动，早早跟他预订生态稻米，为此，他以每斤 6 元的价格，将富余的 500 斤生态稻米出售给进城务工的同伴，让他们带到城里，不仅吃得安心，也抚慰浓浓的乡愁，就这样，销售基本都在本地完成。由此可见，富余农产品就近销售是值得推广的重要策略。

“虽然从事农业很艰苦，暂时没什么利润，但因此可以与家人生活在一起，吃得健康，是我从事生态农业的信心的主要来源。”金放曾这么告诉我。诚然，从事生态农业，实在是风险大且收入甚微。2017 年 8 月初我再到弄六的时候，因为水灾，稻田中的鱼全部被冲走，鸭子也因为瘟疫受到严重损失，导致稻谷产量直线下降。看到金放时，他一脸无奈。那一刻，我内心有更多的触动——这些有志的年轻人留在村里，若没有适当的收入，拿什么来支撑远大的理想和实际的生活？

陪伴前行

生态农业并不能仅凭一种情怀来支撑，我们也需要从商业发展的角度看待生态农业的发展，生产出有合理利润的产品，让农户有适当的收入，以应对农村生活的需要。2018 年，我们尝试与几位生态种植的农户一起探索，先分析当前已有农产品在生产、加工、销售等环节的成本和收入，也分析农户一家人生活所需的支出，然后确定一个合理的收入目标值。最后我们发现，需要针对现在的生产状况进行很多调整才能满足这个合理的收入。

通过这样的探讨和分析，胜哥开始减少肉猪的养殖，而把更多精力放在饲养母猪上，母猪数量增加至 5 头。母猪不需要吃得很好，自家种的玉米、蔬菜和红薯就可以喂饱，每头母猪每年生产两栏的猪崽可以带来不小的收入。另外，胜哥还计划养上几箱本地蜜蜂，不但对环境有益，还能辅助经济收入。

2016 年 9 月，金放辞掉村委的工作，专职从事农业，通过商业分析，除了扩大水稻种植规模，还将更多精力投入到生态养殖鱼鸭上，并考虑加工周边山上的野生柠檬。销售上，也投入一些时间在产品的加工、宣传和与消费者互动上。

作为这些先驱农户的陪伴者、催化者，我们也需要不断做出改变，以能更适当地协助他们发展。在接下来的时间里，我们又多了一个角色——作为市场促进者推动县域内生态农产品生产者与注重生活品质的消费者之间的交流与沟通，这个领域尚需要我们不断学习和探索。

今天，依然有很多年轻人走在离乡背井加入城市洪流的路上，而胜哥、金放等农户却能在返乡和进城的艰难取舍中决定回归农村，这是让我一直非常钦佩的事情。通过陪伴他们的发展，让我学习到许多在大石山里生存的策略，以及更多的农耕文化、社群互助文化，感受到农村生活之美。相信这是一个生命影响生命的过程，正是这些彼此的影响和关照，激励着我们继续走在农村发展工作的路上。像胜哥和金放这样的农户，虽然目前从事的生态农业规模很小，小得也许无法出现在某些官员、机构的眼里，但他们却是这个号称“九分石头一分土”的大山里众多生态农友的一个缩影。如何让这众多的农友及他们的孩子过上有盼望的生活，体现发展的成效，金放与胜哥正在用自己的行动为社区作出正向的示范。我们相信，在某些适合的环境下，这些示范会带动社区走上更可持续的发展之路，所以即便很小、很慢，我们仍然愿意继续陪伴他们一步步地努力走下去。

袁舍
都安绿根公益联合会创始人

贴近天地的生计与生活

——记川西生态农人的日常

文 / 陈怡桦

“

于自身于外界，“农人”是一个如何理解或想象的职业呢？是晴耕雨读那样浪漫，还是面朝黄土背朝天那样劳苦？农人作为一个职业，除了管着一家温饱，还想着哪些事？还有哪些期待？当工商业发狂地向前奔，该属于生活、文化中一部分的农业早已用力地转向成了一个产业链条，停下来看看当下，农产品早就成了市场上流来转去的“商品”，不再只是过去意义上的“食物”。日日下田耕作的农人开始分饰多角，除了种地，除了到传统市场销售，现在需登录网络卖自己的产品。除了这些，现代农人还必须面对哪些挑战？面临哪些未知？本文通过 4 位从农者的故事，来看看当代农人的日常。

”

一、“上风上水”的福气和责任

▶ 必绿农园：信任是小农自立之本

岷江水自都江堰入川西平原，滋润大地、物产丰饶。古有温、郫、崇、新、灌是川西最富裕的上五县一说，其中郫与崇，就是郫都区和唐昌镇。富裕原因无他，有机质饱满的黑土地生机勃勃。

跟着必绿农园主人郑军钻出河边的铁围栏，阵阵凉风迎面，河水汩汩东流，流往成都。徐堰河不仅是成都自来水六厂的取水源之一，也是成都市饮用水水源地保护区、府南河上游生态保护区。住在上风上水之地的人，拥有上佳的福气，也要肩负守护水源的责任。

“这块是河滩地，地质较沙，但排水很好，适合种西瓜、马铃薯、红萝卜，天热时，也适合种莴笋和黄瓜。慢慢试，才知道那些地适合种什么作物。”郑军指着像白色烟火的韭菜花说，韭菜刚采收完，二荆条也到季末了。郑军一边递给我们从河边现摘的梨子，一边说，从小在河边长大的我们，对环境变化感受最深。小时候跳下河玩水，小鱼在脚边转来转去，随便都能钓到好多鱼，现在一条鱼都没有，河岸两侧都是水泥，以前可是螃蟹打洞做窝的泥滩地。

过去，郑军在成都上班，跑过业务做过销售，空气太差身体受不了，2011 年回家种地，刚开始是惯行农法，直到 2012 年，隔壁镇的农友高清蓉向郑家租地，“那时我还没接触生态农业，很好奇也感兴趣，2013 年跟着转作生态种植”。最开始郑军种儿菜，生态种植的约在处暑前后播种，到春节前后采收，惯行农法的大概 8 月中旬播种、9 月中移栽，11 月就能采收，期间除了杀虫药之外，为了美观为了大棵，早期会用矮壮素，后来改用绿化素等。之后，郑军和高清蓉一起接触生态农业，也一起参加朴门、活力农耕、自然农法的课程，甚至跑到重庆上课。“接触生态种植后发现，自古走的就是这个理儿呀！”学了种植技术，经验还是得自己累积。“我的农场杂草很多喔！”在一畦杂草上挖出一颗小马铃薯，郑军说，我最爱用割草机了，杂草割完后就地覆盖，等草腐烂直接堆肥，过去买鸡粪，无法掌握鸡的饲养过程，不安心。“几亩地的草堆出来的肥，很营养，种出来的小西红柿又大又甜，口感好得不得了！”郑军得意地说。尝过上一批西红柿的人都说有早期西红柿的香气和口感。郑军也特别喜欢收集老品种，老品种的口感好，他甚至种过 8 个品种的西红柿。

郑军的地块分散，坐上农用嘟嘟车，在芒草绿道间摇晃行进，被风吹得恍恍惚惚。“这块水稻田位置好，有隔离带，没有邻田，还有一条沟渠隔着。最喜欢这种地块。”站在饱满的谷子边，郑军说。今年的稻子预计一亩地可收 600 斤，五亩地估计能收 3000 多斤，留两三分地，让幼儿园小朋友收割自己插秧长大的谷子。

过去农友需通过中间商、或进市场、或上街叫卖作物，微信时代来临后，每个账号都可申请“微店”，小农得以经营客群、社群。“就算不认识的消费者提到我，都说‘我信任他！’……”郑军的客户靠着消费者间的口耳相传，微信也帮了忙。“做生态农业，秉着以心待人，用心去做，与人建立信任的互动。”郑军每次送菜到幼儿园，和这群爸爸妈妈消费者聊天都很愉快，家长们看到郑军，总回以微笑，感谢他种安全的蔬菜给孩子们吃。

2017 年年初刚升格为“郫都区”的郫县，周围农村距离成都市区近，近些年有些隐隐的不安在周边的村子扰动，政府资源陆续进入，进行形象工程、示范村等建设。农户搬走，农地转作他用，农事无以为继，人心惶惶不定。对于生态农业，郑军期待，只求安稳种地便心满意足，更希望大家一起找到更好的种植方式，跟化工农业较量一下。之前郑军务农，家人都反对，种太少不见利，种太多担心卖不完。旁人总耳语，卖菜这点收入还不如去上班！其实每个农夫心里都有一本账，管账的是老天。只见郑军深深吸了一口气说，住在河边空气好，巴适！

▶ 王成家庭农场：黑土地上的一步一脚印

2006 年，成都城市河流研究会①一句“府南河综合整治工程竣工之时，就是水清之日。”几经周折，整治未见成效，却因此让一群专家、学者、志愿者循着往上游走找原因，发现农药化肥对河流污染影响至深至重，进而展开了府南河上游的生态农业推动工作。就在那时，住在郫县安龙村的王成一家成为成都河流研究会支持的第一批生态小农，10 多年过去了，王成一家依然日日弯腰下锄，一锄一锄间守护土地的信念越掘越深、越坚定。

采访那天，王成家来了 3 批访客，从院子的大桌聊到水稻田边，再聊进大棚，再聊到生态池，王成看着每种植物说着它们长成的过程，口气眼神像是说着自家的孩子那样亲密温柔。我们趁空钻进了厨房，锅上正煮着米饭，和正打着蛋花的王太太夏瑞莲聊天。

2010 年，缘分牵引，老家在湖南怀化、在广州从事瑜伽教学的夏瑞莲怀着对乡村生活、大自然的心神向往，嫁进安龙村，从刚开始的不习惯，一路成为王成不可或缺的贤内助。“瑜伽就是一种生活方式和价值。”夏瑞莲把瑜伽的精神运用在田间劳作，落实在一呼一吸、一仰一俯之间。

“有各种各样的小生物生活在田间的不同的角落，它们可能是田里更古老的居民。”夏瑞莲谈到田间的小生物眼睛都亮了，这里还住了蝙蝠一家三口，它们很有家庭观念喔！每次看到它们的粪便，我都特别高兴；这里也有野鸭、野鸡、老鹰的完整生物链；今年有 4 个燕子窝筑在这里，刚过立春，在屋檐下看到它们的粪便就知道它们回来了，筑巢那几天，燕子叽叽咕咕一直聊天；还有冬天天未亮，每到配送的清晨，怕车子压到睡在半路上的蛤蟆，得先用扫把请走它们。夏瑞莲细数邻居动物的生活小事，像讲故事那样停不下来。

2006 年，王成拿出家里的两分地当试验田，在成都城市河流研究会的支持下，农场里建有污水处理系统处理自家的生活污水，还有沼气池和旱厕，从收集发酵处理猪粪转化成清洁能源，到用沼气煮饭烧水，沼气池产生的沼渣、沼液成为肥料回到田里。夏瑞莲说，每个农户都是一个小且可持续的生态圈，不会制造任何废弃物，反而变废为宝循环利用，希望未来有更多人一起做。

许多人对农村存有刻板印象，认为农村生活是穷困的、辛苦的、落后的，城里生活才是现代的、进步的；或说没本事的人才留在农村。夏瑞莲目光坚定地说，不是这样的！生活在农村，和土地产生联结，对生命的态度都会因此不一样，人应该多在天地间劳动，欢迎城里人来种自己的菜，对待食物也会有全新的想法和感受。自古以来，少见农村如此空虚凋零，除非天灾人祸，岂料工商业发达后，拉开了城乡的差距。放眼望去眼前这片黑土地，夏瑞莲说，这是几千年孕育而成的黑土地，一定要种庄稼，拿来盖房子、盖工厂太糟蹋了！

院子里人来人往、热热闹闹，王成的妈妈微笑着坐在一角感受这些活力。王成说，成都城市河流研究会还没来之前，周围只要一打药，妈妈就得躲在屋子里。2012 年，村子被动员拆迁，王成一家选择留守。“政府想征收一部分土地，我们舍不得，没签字，我们非常愿意种这块土地。”从小在这片土地长大的王成，希望自己的孩子也能在这片丰美的黑土地上长大。王家投入很多心血经营农场，王成和夏瑞莲深知，一旦放弃，一切就结束了、归零了。

几乎郫县的每户人家都有私房的食谱、独家的秘方，做出自家豆瓣酱，传承的香气口味，一如每户坚持生态种植的农家，都有各自的坚持和信念，奉行日日，只求让好山好水代代相传。

---

① 成都城市河流研究会成立于 2003 年 6 月 5 日，是由成都市民政局批准成立的民间环保组织，以府南河工程专家组为基础，建立了较为稳定的专家团队，同时建立起来自国际、国内和本土的大、中、小学生、退休人员等广泛参与的志愿者团队。

二、“理想生活”的现在和未来

时序入秋，9月的蓉城满城栾树黄灿灿，稻穗低垂、谷子饱满，准备收成，二荆条也到了季末，来年的豆瓣酱也已入瓮。当城乡之距拉扯越剧，农村愈发埋藏在漫天黄土里，闪烁在城里的霓虹更遥不可及。每个返乡青年的心中都存着进城打工求温饱，还是返乡务农生活的疑问和迷惘；在家族的期待和自我的期许之间；在留守和流动之间；在他乡、家乡之间；也在“理想生活是什么”的漫天问号之间游移摇摆。除了面朝黄土背朝天的劳动印象，返乡青年想构织怎样的劳动图像？两位八零后的返乡青年代表唐亮、唐文华如今安住成都城郊，在迎面而来的未来中，试着一步挨着一步把自己、把家、把村子“种”回来，在顺天应地的循环里，好好生活、踏实生存。

亮亮农场：日常点滴聚家成风

采访那天已近白露，成都平原摆脱连日的高温，天清气爽。

在成都生态小农圈子，唐亮和亮亮农场是大家都不陌生的名字。站在农场里，望向龙泉山脉郁郁葱葱，眼前的牛角堰塘水漫漫，各色蝴蝶翩翩，小巧艳红的朝天椒已到季末，跟着唐亮逛一圈，正聊到：曾有一群老农夫来访，闻着这里的泥土说，“这里的土有70年代土壤的香味”。一阵雀跃的招呼声从我们的身后传来：欢迎你们来呀！原来是在街上帮忙邻居的唐妈妈赶了回来。

回到屋子里，一身唐装、功夫裤的唐亮冲着茶，招呼我们尝尝自家种的枣子，还有脆如水果的花生。一旁热水滚滚、清茶烫口，唐亮碎碎地回忆。为了家里的生计，3岁时爸爸便外出打工，满12岁的前一天，唐爸爸返家，换唐妈妈离家打工，一去6年，再回家时唐亮已经高中毕业了。“我是一个留守儿童，小时候常胡思乱想，担心妈妈是不是不回来了？我可以帮忙种地赚钱，爸妈就不用再出去打工了。”每当邻居说，你妈妈跑啦！不要你们啦！唐爸爸就得连忙安抚小兄弟：不是的，妈妈去打工，给你们赚学费、赚生活费。回想当时，唐妈妈回家一趟几乎要花掉可以供两个孩子一年的学费和生活费，想想舍不得花钱便忍着对孩子的想念不回家。初中毕业的弟弟也接着出去打工了，唐亮到重庆读大学后，一家四口分居四处。经历过家庭经济不好、父母不在身边，改变家庭状况的念头一直藏在唐亮心里，随着时间萌芽。

“今年不去打工了，要去北京的‘小毛驴’实习。”回想2011年，唐亮这样对妈妈说。当时唐妈妈只想着他上班开心，没问太多细节。过了两个寒暑，2013年春节过后，唐亮返乡务农。“好不容易家里培养了一个大学生，你要在家里种地，是不是在外面犯错待不下去啦？家里没有人想种地，反而你跑回来种地？”面对村人的闲言闲语，唐妈妈心里嘀咕了好一阵子。起初，唐亮带着先天身障的大伯、小叔在家种了一年，其他家人各自在外打工互不干涉。2014年过年，总结今年的种植状况、收支情况，结果不错。唐妈妈纳闷不解地问唐亮：“你在家种这些，也没见你拿到街上卖，东西就空了。”为此唐妈妈还曾偷偷跟踪儿子，看他究竟是怎么卖的，还偷偷翻发票查收据，一查发现“批发价1斤10多元，零售价20元”，更疑惑到底是哪些人买的？接着，家里总有各地来访的人，省内的省外的、国内的国外的，开着大车小车来，唐妈妈更疑惑：这些都是哪里来的人啊？是不是坏人呀？唐亮以“带妈妈去旅游”为名，带唐妈妈参加成都生活市集，“好多大学生、好多爸妈带着孩子，好多老人家来这里买菜呀！他们为什么不去超市买，不去市场买呢？而且他们也不跟我们讲价钱，只说我们卖的都是生态种植的好东西。”唐妈妈这才恍然大悟。

到了2014年年底，唐亮租了周围村民的地，扩大试验面积共20多亩，原本在外地打工的弟弟唐进和弟妹带着大侄子回家，加入农场工作。接着，被唐妈妈强迫留下的唐爸爸也回家了，其实种地对唐爸爸来说，是又苦又累且不愿再经历一次的过去，世代间矛盾、不理解也渗透生活的细缝。两个儿子老是念叨，要爸爸想休息就休息，心情放轻松。如今两年了，唐爸爸也渐渐地放松自在于田园之中。

2015 年唐家翻修了老厝，由唐亮和弟弟唐进全权负责，花了近 4 个月完工，一家老老少少 9 口人终于生活在一起，“好多人家都羡慕我们呢！”唐妈妈脸上漾起的幸福是骗不了人的。唐妈妈扳着指头数算日常，弟弟养猪、养鸡、发货也忙田里农活，爸爸和大伯、小叔做农活，媳妇目前全职带二娃，唐亮统筹规划农事，我做家务，有头有序地做事，有问题，大家坐下来一起商量改进。正絮絮说着的唐妈妈转头看了刚入座的唐亮一眼，甜腻腻地说：“作为一个农村妇女，养育了这样的儿子，你的选择是对的！妈妈给你点个赞。”

对唐亮而言，“返乡”二字的实质意义远大于字面，他想做的更多，聊着聊着，他谈到“家风”。“家风”一词从一个八零后的小伙子口中说出来，有些违和，但唐亮心里自有一套理解，“家风的塑造是漫长的过程”。现阶段落实在生活习惯和种植观念的改变上，如到了午餐时间，唐进向我们说明，用茶籽粉洗碗、厨余记得分类。唐妈妈笑说，原本不愿分类的家人，看着别人分自己不分也不好意思，一家人都养成习惯，小孙子在外面找不到垃圾桶，还把垃圾带回家丢。

沟通是两代人之间的观念拔河。所有改变的过程都是辛苦的，也因此需要相对应的“沟通”，唐亮和唐爸爸一起进行生态种植，势必要经历一番新农和老农（或说两代人）之间的观念（或说习惯）的拉扯。唐亮不说“除草”，以“田间的杂草管理”称之，让田间的杂草平衡，有杂草覆盖可保留水分，沟渠里杂草一旦清光，水分很快就蒸发，施行惯行农法的老农会把草除得干干净净，再扔得远远的，做法完全相反。唐亮不直接下命令，如何有效沟通、让长辈理解，进而达到改变才是关键，而这正是一段“逐渐”的过程，需要合适的机会。

唐亮在北京“小毛驴市民农园”实习那两年，春节给父母红包比过去少了一半。唐妈妈忍不住问，你在北京的工资多少啊？唐亮才说，刚实习是没有工资的。结果挨了唐妈妈一顿骂，唐亮说，我不是去打工是去学习。“他有他的想法，我们有我们的想法，我们打工养他不容易，他要下定决心回来做想做的事也不容易，不如大家各让一步，换位思考，我被勉强去做不喜欢的事情，心里也肯定不高兴。”唐妈妈说自己以前总爱大呼小叫，现在学会了唐亮的沟通方法，有事拿杯茶坐下来聊一聊，把心结打开、把话说开，家和万事兴。

谈到未来，唐亮没有明确的计划，期待让家庭生产更顺畅、家庭成员过得更踏实。唐亮能感觉到这个小村子的氛围也慢慢地在改变。他期待，生态农业的运作能支持的是一个家庭的运转，未来有更多年轻人和家庭投入生态农业，静待更多合适的机缘到来。

当生活和生计搅和在一起，唐亮一步步地和家人一起面对、厘清、解决，亮亮农场即将迈入第五个年头，这一路从不解到理解，从矛盾到沟通，从冷冷清清到一家团圆。唐亮的心愿，既轻也重，理想生活的雏形已现，待填入的是唐家人的酸甜滋味，以及待加入的唐亮的小家庭。

▶ 青莲谷：有心种莲无心成谷

原定采访的时间遇上唐文苹进成都市区办事，我们没去成青莲谷，便约在一张家常的餐桌边，喝着热茶，吃着小金来的清脆苹果，听削着短发、穿着一身利落黑衣裤的唐文苹说说这 5 年来创业路上胆战心惊，还有那些山谷里的云淡风轻。

“你喜欢现在的生活吗？”“喜欢呀！如果不喜欢早就放弃了。走到现在，没有偏离初衷，只是原本期待的小而美，现在大了一点。”说完，唐文苹又笑到把眼睛眯起两条细线。

面对来自家庭和周遭的压力，是返乡青年难以避免的共同课题，唐文苹却获得全家族的大力支持。“你要创业就不要做小！”第一年开辟了 1000 多平方米的养鸡场，包了 60 亩地，养了几千只跑山鸡，加上不太懂养殖技术，把原本学艺术设计的唐文苹，累得半死。“越做越觉得不对，这

不是我想要的。”唐文苹深信，农业体系一定是建立在生物多样性之上，小农经济是有道理的，从创业的角度来说是为了降低风险。基于种养循环的互补概念，唐文苹误打误撞选上了莲子。

“返乡需要条件，需要天时、地利、人和，就看哪一项先到，不合适也不勉强。可能我的个性比较强吧！认定了就要达成目标。”2009 年在广州工作时，一个偶然的机会让唐文苹开始反思“我想要过什么样的生活？”和“未来，我到底想做什么事？”两个大问题，也牵起了唐文苹踏上迂回的返乡之路，蜿蜒近 3 年时光，沿途经过在“北京小毛驴市民农园”的实习、回到成都拜访了安龙村高清蓉的香草园等。2012 年 5 月，为照顾生病的奶奶，返乡待了 3 个月，就此没再离开。当时唐文苹用了山上 1 亩多的地，试养了几百只鸡，田里种香草，开始了心神向往的“生活在农村”的日子。

对于唐文苹返乡，唐爸爸是全家族中唯一持反对意见的。奶奶过世后，心疼女儿会过苦日子的唐爸爸正色问：你是不是确定要做农业？在爸爸眼里，我养土鸡，就是要创业了！“说什么‘生活方式’，跟爸爸也说不清，当时我只说了我的生活来源是养土鸡卖土鸡蛋，市场缺，不愁销路。简单交代。”唐文苹明白自己的首要任务是让家人理解回到乡村发展生态农业是有前景的、是能挣钱的。

唐文苹从小喜欢种花、画花，创业之路却没那么顺遂如花开。2014 年年初种植项目选定莲子，清明节下种，岂料没多久就遇灾，先是水灾，接着旱灾，再来一个水灾，原定可以收成一两万斤莲子，损失了一大半，连地租都不够付，甚至要家里人再拿钱出来代付，那时一分钱都没有了。在天安生活的协助下，发起众筹，“没想到竟然筹到了 20 多万元！”渡过难关，拿到这笔钱，做了防旱工程、拦堤坝蓄水工程、建沼气池等基础设施。一路上，唐文苹获得很多外部的支持，沃土工坊和天安生活是两个强而坚定的支持和通路。

经历土鸡养殖和寻找种植品项，唐文苹恍然意识到，这不仅仅是个人生活方式的选择，更是很多人的共同事业。创业基金全是来自家族亲友的投资，一家凑 1 万元累积来的，至今没人盯着催着要分红要利息，唐家人明理且支持唐文苹的理想。“我们这一大家子没一个经商的，你迈出了这一步，我们希望你走得更好。”唐文苹在这句话里感受到高度压力和深厚的期望。“创业的压力越来越大，但我喜欢也享受解决问题的过程，别人问我怎么减压，不在乎就好了。”创业 3 年，唐文苹没有领工资，农庄管吃管住。“卖手工创作、养鸡卖鸡蛋有小小零花，还有参加创业大赛，得奖有奖金，东弄弄西凑凑，生活还是没有问题的。当然，妈妈也会在金钱上支持我！”唐文苹一派乐天，笑眯眯面对未知的未来。

青莲谷主要负责运营的有 5 个伙伴，小姨父主管餐厅，小姨负责加工、销售和餐厅财务，唐文苹负责总财务、推广宣传，一位邻村来的伙伴是田间管理员，唐妈妈是看前顾后的总管。

占地 300 亩的青莲谷多为流转土地。唐文苹了解农民的心态，因莲子是经济作物，不了解市场情况，加上对种植技术不熟悉，多数农民有顾虑不敢贸然投入，“我们的策略是，前期由我们先种，先把基地建设好，发展到一定规模再把田返还给农户，分工做彼此擅长的事情。”销售方面，组织莲子专业合作社，让产销一体，解决农户担心的销售问题。青莲谷提供种子、免费技术指导，且协助销售，目的在于鼓励村民自种。唐文苹开心地说，今年莲子预计能拿到有机认证。农村劳动力的高龄化是唐文苹的另一个苦恼，她期待有更多的年轻劳动力愿意回流农村。

村民是伙伴，村子是基底。“还有好多事要做，做乡村旅游的营造，做产品加工销售，让餐厅的营运自给自足，更精准定位农场，该往以莲花为主题的环境教育基地走，还是莲文化的文化创意园去呢？”坐在锦江边的小区里，夜凉如水，和唐文苹一起遥想安岳县里青莲山谷的无限可能。

期待来年莲花盛开时一访青莲谷，探一探这处怀着恬淡清香的梦土。

三、几点思考

9月中旬回到“秋老虎”烘烤中的嘉南平原，通过录音档案和照片整理回想已转秋凉川西平原上的一切，农村里一些若有似无的相似……

台湾的城乡差距，意义上的距离大过于实际距离，毕竟幅员小，很容易就抵达有田有果的农村，但意义上的距离则是医疗、教育资源这类公共性资源稀缺的现实部分。不若童年的唐亮这般“留守儿童”好几个月甚至好几年见不着父母，但因为父母外出工作，台湾农村不乏隔代教养的情况，也因此反映出农村劳动力流失的另一个问题，年轻人不留在农村，或不断流出，农村越来越凋零苍白，幸而近年慢慢地台湾也有青年返乡的例子出现，个个都是激励人心的美好故事，就像唐亮和唐文苹那样，试图用一己之力搅动自己生长的村子，其中也不乏农二代的出现，跟随着父辈的脚步，缓步在田间站稳。

除了眼前现实的相似，气候异常让不论身处在地球哪一个角落的住民都有所体会，靠天吃饭的农人肯定处在第一线的直面的一群，连续几个月的干旱，或是突如其来几天的暴雨，不幸遇上采收前夕，血本无归，叫天天不应叫地地不理。因此连带的问题是，盛产或歉收甚至绝收导致的市场问题农友如何应对，又有怎样的机制保障农友的基本生活，这是一道政府必须正视的问题。此外，销售一直是农人们共同挂心的问题，从过去交给批发市场，到参加市集，接着网络时代来临，年轻一辈的农人成了自营电商，科技改变了消费方式，也改变了产销之间的互动形式。

这次的采访，走进农夫们的生活，不仅听农人说自己的故事，也巧合遇上了王成的太太夏瑞莲、唐亮的妈妈，听到农人身边人的看法和感受，让这些农人的尝试和实践变得更加立体，也因此让他们多说点，琐碎点滴也拼成了图像。或浪漫或文艺，英文里的农业包藏了一个“culture”，农业本不只是一个行业，更是一种贴近天与地的生活方式，一如夏瑞莲所言。但生活和生计互依互存，某一方倾斜了，日子也摇摇晃晃。务农生活，正是如此，在气候、销售两端，农人除了好好经营自己期待的生活之外，其他也只能双手交托老天，更需要所有消费者的理解和支持。

陈怡桦
台湾田间地头记录者、文字工作者

中泰小农话返乡

文 / 刘敏涛 陈小泰

“

准备专题的时候，编辑团队突发奇想希望就“看见小农”的议题创造一次中外对话，分享不同时空下的小农经验与心得，随即想到可以邀请网络内的泰国伙伴参与。因缘际会，2017 年秋天，沃土可持续农业发展中心[1]组织国内返乡青年前往泰国参加正念市场社会企业课程，我们借此机会撮合了返乡 2 年多的刘敏涛和返乡 10 年多的陈小泰就“小农—返乡”做一次对话。两位相见恨晚，侃侃而谈，娓娓道来返乡务农的心路历程与感悟体会。

”

① 沃土可持续农业发展中心：成立于 2014 年 12 月，是广州市番禺区民政局正式注册的民办非营利组织，致力于可持续农业的发展与传播，前身是沃土工坊的农户支持部门。自成立以来，协力生态农场、生态小农以及社会其他意向组织推动生态农业发展，主要为生态小农和返乡青年提供参与式认证、生态农业技术培训、土壤改良和生态种植技术指导、产品规划等方面的支持，并出版《可持续农业》杂志内刊，致力于可持续农业的推广和传播。

返乡缘起

刘敏涛

我出生于湘南嘉禾县，童年都在农村度过。在 5 岁的时候，父亲承包了村里一座山头种柑橘，同时做着废铁生意。2005 年将柑橘嫁接成橙子前，每年都用废铁生意的钱补贴果园开支。我小时候有限的劳动印象都在果园里：跟母亲走三四里路去收红瓜子；暑假头顶烈日和弟弟妹妹抹夏梢；旱季从水库抽水蹲树底下浇水；西瓜或橙子熟了就租拖拉机拉去集市出售。这些经历让我跟家里的果园建立了深厚的感情。

2013 年大学毕业便有返乡务农的想法。当时中央 1 号文件大力鼓励新型农业经营主体发展，支持农村土地流转集约经营，还有同学提议一起合伙做农业。但因为刚毕业，对外面的世界还有所期待，也不知道回家能不能静下心务农，加上担心毕业导致和女友感情不稳定，所以没有即时回去。

毕业第二年，家里橙子销售出现问题，以往的销售渠道断裂，橙子在年后还卖不完，在冷库里一点点腐烂，父母不得不一道一道地翻动几万斤橙子挑选烂果，最后被经销商压价贱卖。橙子的滞销让我触动颇多，既心疼父母的辛苦，又深感农民的弱势——对于农产品的销售，农民根本没有话语权。

毕业两年，我和女友在长沙工作，感情稳定，因为怀孕的缘故，我们加速推进婚事。然而，孩子出生后，两人的工资根本不够抚养孩子。对比橙子的滞销和打工的收入，我们想，如果能把滞销的橙子卖出去，其收入就能抵上一年的工资，如果把所有橙子以合理的价格售出，一年有二三十万收入，两三年就可以买房了。另外，在橙子滞销时，批发渠道商想引入赣州老板，以每年每棵树 40 元的价格租下果园，一个果园 3000 棵树一年有十二三万的租金，和当时自己卖橙子的收入差不多。但我舍不得果园，如果不回去，果园就会被租出去。抱着回家赚钱到长沙买房的愿望，也为了留住心爱的果园，我踏上了返乡之路。

对比很多国内返乡青年的经历，我算是特例和另类。大多返乡青年返乡前已在小毛驴、分享收获、沃土工坊等乡建体系接受过思想熏陶，有很多改变故土、建设家乡的情怀。而我是在回乡以后才接触生态农业圈子，了解乡建思想，继而转向生态农业。某种意义上说，我更像是在城市活不下去而被迫返乡。仰仗父亲多年的经营基础，所以也没有太多的生存压力，和大多返乡青年从零开始努力相比，我是幸运太多。

陈小泰

2017 年，我踏入返乡第十个年头。回想当初，选择返乡大概有几方面原因：很小的时候我就到外面读书，直至大学毕业都很少在家。当时想回来跟家人生活在一起，照顾父母。同时，依稀记得当时在城市的薪水，扣除生活费之后可以给父母的钱，远不如父母供我读书的多，让我觉得好像经营农场比打工更宽裕些。再者，我喜欢自由，不喜欢给公司工作，与其给别人创造利润，何不给自己创造价值？于是有了返乡的愿望。

再深究一层，也跟我的学习有关。我在大学读的是政治科学，当时拉玛九世国王的“充足经济学”是一门新的哲学理论，该学科的书我足足读了 9 遍，每次都能获得新的理解。那时候泰国还没有很多人了解这个理论，现在才大肆谈论“充足”（popiang）。大学会教育我们，接受高等教育成为优秀人才就会有好的工作和收入，但是国王在 " 充足经济 " 中提出，我们接受更好的教育是为了提升自己、返回家乡建设家乡，如果每个人都热爱自己的家乡，建设好自己的家乡，泰国的整体水平就会提高，每个地方都会变得很好。对此，我由衷地认可。

于是，因缘际会，我在 25 岁那年，回到了家乡。

内在的力量

刘敏涛

虽说是想卖橙赚钱买房，但其实自己对钱的欲望并不强。2015 年卖了 14 万~ 15 万斤橙子，销售额有 25 万元，上交了 15 万元“租金”，剩下 10 万元，还不到 2016 年的销售季就花光负债了。2016 年销售额只有 12 万元~ 13 万元，交不起“租金”，在 2017 年的销售季之前，负债更多。因为负债，妻子一度缺乏安全感，责备我不上进，而到长沙买房定居的念想也被彻底否定。然而，对我来说，回家两年，虽然经济拮据，却非常适应家里的生活节奏，纵然没钱却依然踏实。上山拍拍昆虫，饭后溜溜娃儿，给娃儿洗个澡，做个饭，天气好一家大小出门玩耍，内心满足又幸福。在家是没钱，却有大把时间陪伴家人，对我而言，“老婆孩子热炕头”才是真正的生活。

返乡两年，我找到了幸福生活的样子，也找到了种植橙子的方法。因为接触到生态农业的圈子，相关的认知和理解增多了，为了作为生产者的自己的身体，为了家人的健康，也为了保护果园土壤和周边的生态环境，我开始调整种植方式，将原来的绿色种植转型为生态种植，生活上也开始拒绝各种化学用品和添加剂，洗碗用茶籽粉、米糠，牙膏、洗发水、香皂都购买天然无化学成分的，少吃猪肉多吃鸡鸭，炒菜只用辣椒、大蒜、生姜调味，拒绝鸡精、味精，慢慢地朝向有机生活迈进。在家庭消费上，我也希望妻子更多购买有机产品，给孩子买有机棉，虽然价格贵，但是因为耐穿，不需要频繁更换，所以算经济账的话并不比化学纺织品贵，而且还保护了耕作有机棉的土地。

更进一步，我会反思自己的消费方式，认真思考哪些是真实的需求从而减少无谓的消费。生活中，我们往往很少去思考我们为什么要消费，很多时候只是为了满足欲望，而很多欲望又不是真实的需求。我们会买很多东西，但使用频率并不高，更换的频率又快，让我们远离节约的传统美德。我们也很少去思考消费背后的意义，消费常规产品其实是在支持常规生产方式，间接地破坏环境；消费生态农产品其实是在支持生态耕作，保护地力不受污染。我们使用塑料袋、收发快递的时候，会不会考虑这些垃圾袋和纸箱的最后流向？我们几乎从来不去思考我们的行为对环境的影响。从事生态农业让我对此有了更多的反思和自省。

陈小泰

对我而言，返乡的道路并非一帆风顺。最开始的时候，不仅父母不支持，邻里更觉得不可理喻。我是村里的第一个大学生，大家觉得我聪明能干，读了大学会很有出息，把我当成偶像。而当我回来农村生活，大家都一致认为我成了最没出息、最没用的人。之前读书的时候，村里大人都会教育小孩向我学习，回家后大家立即改口教小孩说千万不能学我这样的人。他们所谓前途无量是那些在城里大公司上班有稳定收入的白领，而我不是。

返乡最初几年，耳边充斥着很多质疑和诋毁。那时的我内心还不够强大，不知道怎么面对舆论，只好关上耳朵，专注学习提高自己。听到太多反对的声音心会变得脆弱，心很疼很脆弱就容易被舆论压倒，无力再继续坚持。当我们觉得无法应对的时候，尤其需要照顾好自己的心，给自己打气，让心坚强。与此同时，也很需要朋友的支持，回想最初几年的岁月，给我最多帮助的是朋友。

返乡务农并不是轻而易举立竿见影的事，需要投入很多时间去学习，尤其是坚定内在的学习。我的学习有两个主要渠道，除了拉玛九世国王的“充足经济学”之外，另一个是 Wanakaset[①]网络。高二那年我参加校外学习营，第一次接触到 Wanakaset, 课程内容包括如何认识自己、如何在自然中生存等，让我印象特别深刻。返乡之后，我第一时间加

① Wanakaset：泰文“混农林业”，文中意指泰国 20 世纪 80 年代初建造的一个食物森林——一个森林农业的实体，现在为泰国森林生态农业中心，位于泰国北柳府，也指基于这一中心的一个做森林生态农业的工作网络。

入了 Wanakaset 网络。回顾过去这些年的学习，Wanakaset 教会了我三样东西：自己、资源、智慧。第一是“自己”，了解自己——我是怎样的人，有什么愿景；了解自己的问题——我的优势和缺陷是什么，需要学习什么。第二是“资源”，了解自己和周围有什么资源可以充分利用，如何使其可持续化，而且不仅索取利用也要创造回馈。第三是“智慧”，充分整合运用资源的智慧，掌握了这些智慧才知道怎样把事业和社区发展好。

突破鸿沟

刘敏涛

我的返乡不像大多数返乡青年一样遭到家人反对，相反父母对我是支持的。我甚至都没有正式和他们沟通，而只是直接把决定告诉他们。由于没有充分沟通，长期以来我竟以为他们也是希望我回来的，毕竟回来既能解决橙子的销售问题，还能陪伴他们左右。直到与小泰对话，为撰写这篇稿子和父母沟通时才了解，他们心底其实也和所有农村家长一样，努力供孩子上大学，希望孩子在城里大展宏图，出人头地。

虽然父母并不反对我返乡，但在果园具体管理层面，两代人还是有不少冲突，归根结底还是化学农业和生态农业的思维及价值观的冲突。在我看来，健康是第一位的，在父亲看来，赚钱是第一位的。在面对草、昆虫的态度上，我主张不割草，为昆虫提供栖息地，维持生态系统平衡，也允许小范围虫害发生。而父亲则认为，草太密影响通风透光，一有害虫就担心暴发影响收成。果园的生态转型遇到两大问题，一是不用农药如何控制害虫，二是不用激素如何保证产量。在停药初期，父亲不时会询问果园情况，看看有没有红蜘蛛，担心不用药虫子多没收成。而我则会细心观察果园昆虫情况，发现瓢虫、草蛉等很多红蜘蛛的天敌，最担心的红蜘蛛在 9 月出现也为数不多，无伤大雅。慢慢地父亲不再担心虫害问题，也就少过问了。在花期停用激素后，他又开始担心产量，不断询问落果情况，落果结束后发现，虽然落得多，但是树上的果子还有很多，才心宽释然。

在家里，和父亲的冲突不仅存在于果园管理，也体现在生活方式上。父母饮食习惯多油，喜欢吃猪肉，炒菜酱油很多，也喜欢到镇上集市买各种不健康的食材。而我们的饮食习惯则比较清淡，炒菜只放油盐和自然调味料。因为习惯和喜好的差异，看着对方掌勺时好像总不顺眼。

为了提高自主性，我和父母商量，按租赁的方式以每年 8 万元的价格租下果园。通过这样的方式，我获得了果园管理的绝对话语权。2017 年橙子产量还不错，可以有可观的收入。拿到了掌控权，又实现了经济自由，可以让果园拥有更大的发展空间。

陈小泰

为给父母做工作，我也曾绞尽脑汁。

我们村是水稻产区，父辈传统的种植方法如插秧，投入多产出少，随着年龄增加、体力下降，往往事倍功半。为此，我想带动大家用新的技术和方法种植水稻，降低人力成本的同时提高收入。

在家里，我非常清楚，会务农的不是我而是爸妈，父母擅长农活，但是缺少学习，自己需要且可以做的是带他们学习相对简单又轻松的新技术和新方法。而且，我需要让他们主动学习。不管在家里还是社区，别人的话总是比较容易让他们信服，父母宁愿相信邻里也不愿相信我，而社区的人宁愿相信外面的老师也不愿相信我。所以一开始，我就刻意先带父母去跟别人学习，而合作社的学习则邀请外面的朋友来指导协作。

以抛秧为例。抛秧技术省时省力，但对于父母来说是新鲜事，如果出自我口，他们不会相信更不会接受。为此，我有策略地分两步进行。首先自己去尝试，如果我都可以掌握，对于爸妈来说就非常简单。其次要让他们接受并实践。为此，我请朋友帮忙查询哪里可以学习抛秧，准备好之后，我以游玩的理由带父母去学习现场，让他们听老师教授整个育苗抛秧的过程。大概 1 个小时后，我观察到他们很开心，由此确认他们喜欢这次学习和这个技术。回家路上特意问他们，感觉怎么样学到什么东西，爸妈很开心地说：“这个很简单，回家也可以照葫芦画瓢。”通过提问、交流和观察，我确认他们对于这次学习的理解和看法，检验他们的态度和成效，整个过程其实不用我教，他们自己就掌握了具体的技术。

我们农场主要种水稻。以前插秧很累，抛秧简单省力，不仅减少人工和资金的投入，同时也让工作变得简单轻松。为此，我们觉得可以邀请其他村民一起尝试。第一年尝试抛秧，村民看见那些秧苗抛在浅浅的土表，就笑话爸妈说：“你们听从一个从来没有种过田的人的方法，秧苗肯定活不了，没收成连饭都吃不上。”爸爸比较容易相信别人，真的担心稻子长不起来，于是一棵一棵重新插，很累也不高兴。我告诉他：“不用管，7 天后那些秧苗根会扎下去，自然就会长笔直了。”但是爸爸不相信，我只好说：“好吧，你愿意就全部重新插吧！”无奈老爸实在很累干不动，只好作罢。过了 7 天，秧苗果然长直了，他才心悦诚服。第二年我们还是那么种，村民还是指指点点，爸妈这回知道了，自信地跟他们说：“不用担心不用管，过 7 天会长好的。”到了第三年，我们请了一些邻居过来一起种，我也不用说什么，爸妈已经是老师，知道教邻居怎么做。第四年，我们跟 6 户人家一起建立了团队，插秧时互相帮助，并交流和深化技术，之后就可以各家自己实践了。

类似这样，从传统的插秧转变为现在的抛秧，我们其实也没有刻意花很多心思节省人力、提高收入，更多的是希望在农场做些简单却让人享受并得到幸福和满足的事情。

社区营造

刘敏涛

返乡回家，我其实没有太在意村里人的看法，背地里的议论总是难免。在大家的观念里，大学毕业返乡务农并不是件光彩的事情。但是因为家里有基础，所以情况还好。于我而言，农村生活最大的问题在于日益破坏的环境带来的伤害。农药化肥和垃圾是农村的两大污染源。我们曾经养了一群鸭子，母亲白天把鸭子放小溪放养，晚上回来发现鸭子腿瘸了，第二天根本走不了，原来是村民在井水边配药水，将废弃包装扔到小溪里，把鸭子的腿给绕伤了。另外，村民的食品安全意识和环境意识比较淡薄，即便是自己食用的水稻、蔬菜、大豆、花生等作物，也一样会使用农药，甚至认为不用农药化肥种不出地来。今年我种了点水稻，村里人都说不会有收成，因为地方太偏僻，只会给鸟儿吃掉。他们其实不理解，我看中的就是没人种，土地多年不受污染会自然地恢复肥沃。

有时晚上从果园回来，遇上村里正在焚烧垃圾，烟雾直接往家里吹，每每想到孩子从小就承受二噁英的伤害，我总是难以压制心中的怒火，提着水桶就把火给浇灭。一次的火是给浇灭了，可下次呢？即便不再焚烧，填埋垃圾也同样会污染土地，终究不是长久之计。思考再三，我想根本的解决方法还是垃圾分类。在接下来的时间里，我希望在管理好果园的同时推动村里开展垃圾分类工作。先带村支书到北京辛庄学习垃圾分类经验，然后回到村里通过村委会的力量推动，普及垃圾焚烧的危害，唤醒大家的健康意识。同时，努力争取政府资助，支持卫生清洁员工作和垃圾分类工作。

针对使用农药的问题，由于村民大多都是自给自足，略微种点花生、黄豆等经济作物。我想通过普及农药的危害来提高大家的食品安全意识，并帮助村民以高于常规价格销售生态作物，让他们不用农药化肥却能得到更多的收益。

另外，教育也是社区的一大问题。经济条件好的村民都把孩子送到城里去上学，剩下一些家庭条件较差的孩子留在乡村上学，导致学生越来越少。外来的好老师都不愿意到农村来教书，导致学校老师也越来越少且年纪渐长，城乡教育资源分配不均衡，直接导致农村孩子比城里孩子得到较少的教育机会。为此，我希望妻子能够在乡村扎根，通过乡村教师的角色提高乡村教育水平。经营果园的部分盈余，也可以用于支持部分孩子出去看看外面的世界，扩展视野的同时树立良好的世界观，从小积累改变的动力。

我由衷地希望有一天，通过支持村民富余产品的销售，促使村民转换生产方式，让社区成为真正的生态村，不受农药、化肥和垃圾的污染，大人孩子都能享受到洁净的空气和自然的生态环境。

陈小泰

国王和 Wanakaset 都在讲，我们不仅要为自己和家庭提高生活质量和幸福感，也要为身边的人们和社区着想，真正关心消费者，完善产品质量，让他们吃上健康生态的食材。对于我们这一代人而言，不仅需要提供好的产品，而且内心也应该是幸福的、善良的、坚强的，对社区和社会有所贡献。如果我们可以做到，每样事情都会好起来。带着这些思考去种大米，我会非常认真，我想将好的东西分享给社会，让消费者获得真正意义上的好产品，从而多次购买，这样，我收获到的不仅是经济意义上的金钱，更有内在的幸福和满足感。

如今我们在社区建立了合作社，从种植和销售等多方面帮助和支持团队成员，一起努力共同推动有机农业的发展。

种植技术方面，最开始得到 Wanakaset 网络的支持，一起在社区建立农民学校，学习制作肥料，以降低农民转型有机种植的成本和风险，也有利于达成共识组建团队。后来泰国国王技术大学（MKUTT）也给予支持，潜心研究如何改良我们的土壤，提供相关的技术支持，也跟合作社成员一起研究肥料使用对水稻产量的影响，并传授具体系统的水稻种植知识。合作社每月召开一次议事会，如果谁在种植过程中遇到问题，如病虫害等，我们会一起讨论，共同帮忙解决，并将观察结果作分享。现在大家已经可以依靠自己的力量解决很多问题。

销售方面，我们也会协助大家开拓有机大米市场。最开始销售也困难重重，后来 Poopintokao 的团队找到我，想推动一个专门做有机大米的消费者支持农业（Consumers Support Agricultural）平台。我们小农本身并没有足够的社会资源和技术，恰恰 Poopintokao 的每个成员都有丰富的社会资源和雄厚的实力，愿意无偿帮助我们，双方一拍即合。我是第一批加入的成员，也一直积极向其他农友宣传，鼓励大家参与。小农的资源和资本都有限，只有大家一起努力才能赢得更多的社会认可，让团队更加坚实，让利益更有保障。经过 3 年的推动，现在泰国很多人都认识 Poopintokao 团队，并给予很高评价，我们有机水稻合作社的大米也主要通过这个渠道销售。消费者已经非常信任我们，直接在网上下单，所以再也不用担心销售，更不用像开始那几年一样四处寻找市场。现在，不时有些政府或大学团队，过来跟合作社村民一起商讨合作。他们会倾听农民的声音和需要，而不是根据自己的意向提出要求。

在合作社，我的角色主要是顾问、市场开拓和推广。内部的管理工作都让成员分担，主要通过赋权方式提高大家的管理能力，也会创造机会让大家多去外面开会、参加培训或市集，提高意识和水平，让管理更加轻松。现在合作社成员已经可以教授肥料制作、跟别人谈有机，也为此增加了一些其他收入。只有让大家从心底真正认同生态农业，生态的社区、可持续的社区、幸福的社区才有实现的可能。

另外，我也在 Wanakaset 网络负责市场和参与式保障体系（Participatory Guarantee Systems，PGS）的推动。Wanakaset 是一个可以直接颁发 PGS organic+ 认证的组织，虽然 Wanakaset 在泰国已家喻户晓，也被充分信任，但是推动 PGS organic+ 是一种态度也是一种责任。作为 Wanakaset 网络的成员团队，我们合作社也在参与，农场及产品已获得 PGS organic+ 认证，目前正尝试往社会企业方向发展，也在进一步探索除了汲取以外，我们还可以为社区、为社会做什么。

返乡的价值与意义

刘敏涛

2015 年，我们家橙子还没有转型为生态种植之前，作为常规化学农业的小农，面对市场根本没有话语权。即便脱离了传统的大流通转向电商销售，依然摆脱不了和渠道商地位不对等的境况，结果往往就是付出的劳动不算钱，种出来的作物不值钱。走上了生态农业的道路，遇上了类似沃土工坊和北京有机农夫市集这样的社会企业，我才第一次体验到销售者对农民劳动的尊重，而产品定价也是在双方共同沟通协商基础上拟订的，生产者也拥有相当的话语权。

在泰国一起学习的过程中，大家聊到温铁军老师的乡建思想，讨论到为何很多社会企业或生态食材平台都会支持返乡青年。彭月丽说：“因为返乡青年生于斯、长于斯，对家乡有感情，不仅发展自己的事业，还能参与家乡建设，改善自然生态环境，保护一方水土，保育本土作物。”对此我深有体会。

跟小泰交流过程中，他身上散发出的笃定状态和清晰愿景让我印象深刻。小泰说，如果你的内心是安定的，幸福的，写在脸上的也将是平和与快乐。我想是的，返乡的意义就在于，不仅自己过上幸福的生活，而且将这种幸福传递开去，给家人、给社区、给世界。

陈小泰

之前聊及中国有很多返乡青年没有结婚，家里也不支持。在我看来，结不结婚并不重要，不管是不是农民，无论做什么，我们都需要认同自己所从事的职业，不仅可以做而且喜欢做，不仅让我们坚强也给我们带来幸福。如果我们做得开心，那这个家庭也是幸福的，从中所散发出的开心和喜悦，自然会吸引到有相同志趣的人与你在一起。我所认识的返乡青年，问题不在于找不到伴侣，而是不知道如何选择。

近年来，返乡青年在泰国声名鹊起。大概是 5 年前团体的地位开始转化，3 年前变得流行。以前也有很多优秀的农人，但那时候网络尚不发达，无法让外界知晓。现在自媒体时代，我们做了什么可随时公开分享，让别人看到我们的能量，让外界知道我们也是有智慧的，改变外界对我们的认知和看法。农民的地位能否提高，主要还是取决于人。如果什么都不做，没有任何改变，那别人对你的看法也不会有改变、地位依然很低，但如果努力提高自己，社会地位也会相应得到提高。而且，在泰国，一个人的地位很大程度上取决于他对社区做了多少事情，对社会做了多少贡献，如果只是自己做得很好，对社区和社会没有贡献，那获得的评价也很一般。如今，返乡已被社会认可为一个很坚强、很善良、很幸福的团体，传播正能量，吸引不少人也想要参与进来，因为每个人的内心深处都是渴望自由和幸福的。这样的声誉来之不易，我们一起将之当作自己的事业推动了很多年，让大家都成长起来，不仅做农民，更要做智慧幸福的农民。

返乡务农，我们内心需要很坚强。平时，我们会通过课程，创建一个分享和开放的空间，让大家打开内心，去觉察和发现自己。如果内心开放了，那我们可以很容易明白和理解他们，更容易帮助他们发现、清晰和确定自己的愿景，如果内心是封闭的，一切都会异常困难。事情没有我们想象得那么容易，但也没有那么困难，只要我们心有所愿，坚持不懈，事情就会变得简单。

在泰国，80% 的返乡青年都会刻苦钻研提高农业技术。然而，每个人的技术、想法、资源都不一样，所面临的问题也不同，对此，我们跟大家一起工作，并不直接提供解决问题的方法，而是去了解现有的资源、想法、做法，深入理解大家内心深处的愿景。清晰愿景是最不容易的。问题和困难层出不穷，我们要一直纠缠其中吗？没必要。只要有清晰的愿景，问题和困难总会迎刃而解。以我自己为例，我的愿景是让社区变得更美好，成为一个不受化学污染的幸福社区。如果我们社区不使用化学药物，我们的食物就是安全的，我吃的是健康的，家人吃的是健康的，社区吃的是健康的，大家就不会经常生病，不用经常看医生，也不需要有很多钱——有钱当然是好的，但是如果没有也不用担忧，大家会彼此分享互相支持。因为有大家的善心，在小孩教育的问题上也不用焦虑，老师教得怎么样都行，社区也会参与进来。总而言之，关键是要让大家清晰自己的愿景，并且理解自己的愿景与社区的愿景之间的关系，在此基础上用实际行动去实践和探索。

刘敏涛
返乡青年 橙橙农场负责人
陈小泰
Organic Hin Rae 生态大米联合社及 Saunsanpalang 生态农场创办人
翻译：陈章晗

《东北食通信》：让农家成明星

文 / 高桥博之

救灾重建的启示

我出生在岩手县花卷市，长在广袤的东北大地，带着对大城市的向往，在大学的时候来到了东京。

绝不在这样的乡下过一辈子，我的未来在东京，那时的我踌躇满志。但是真正成了“京漂”的我，很快就感到了一种委身消费社会的空虚感，于是只身前往南美和亚洲等地开始了一段游学生活。那些地方，是和物质生活充盈的东京完全不同的另一个世界。

在东京，想要吃什么买什么，有成千上万的商店，可以在任何时间让你的欲望得到满足。但是正因为这样，恰恰缺乏了一种生存的现实感。健全的消费社会缺少生存的现实感，这个问题促使我叩开了现在所从事的事业活动的大门。

因为厌倦了都市生活，我在29岁的时候回到了故乡。为了追求现实感决意投身政治，30岁首次当选岩手县议员，然后连任两期干了6年。第二期连任期间，发生了举世震惊的东日本大地震，剧烈的地震和肆虐的海啸摧毁了岩手县的大部分海岸地区。我奔赴灾区，和灾民们一起投入救灾工作，身先士卒。为了重建家乡，我决意参选岩手县知事①。那一年，我37岁。

于是，我开始了从青森县到宫城县纵横270公里的徒步竞选演说，但是遗憾败北。为此，我认真反省，过去的自己做事多停留于“口头”，应该干点实事来参与社会改造，于是决定创业。

那个时候，我的脑海浮现出两个身影。

一个是在海岸地区重建家园的渔民。虽然家园、渔船和养殖场全都付诸东流了，但是他们仍然鼓起勇气重新出海。他们感恩自然，与大海、家人和谐共生，从这些渔民身上，我感到了一种与自然的共生和对自然的敬畏，而这，正在现代文明中被逐渐忘却。于是乎，我有了一种强烈的冲动，和这些渔民一起保护他们的家园。

另一个是那些奔赴灾区的志愿者。灾后从城市赶往灾区的志愿者们，很多不仅给灾民们带去了勇气和鼓励，自己也通过救灾活动找到了活着的现实感。被困在钢筋水泥丛林的都市人，通

① 日本的“县”相当于中国的“省”，县知事为最高长官，相当于省长。

过在灾区身体力行地进行救灾重建工作，给了自己一个找回生存现实感的机会。如果说我们把人类无法制造的东西定义为“自然”的话，我想我们自己的身体也应该是“自然”的。所以当我们身处大自然中的时候，心情无比畅快；而当困在没有自然的都市里疲于奔命，身体与大脑的平衡被打破，健康受到威胁，生命的状态也会随之变差。在物质生活无比丰富的日本，为什么很多人会感到生存的不易？我似乎觉察到解决这个问题的良策就在每一个生产现场。

于是我开始思考，灾民和来自城市的志愿者之间的这种协作互助，除地震受灾之外，在我们的日常生活中是否也可以存在呢？通过将城市和农村、生产者和消费者相结合来解决各自的一些问题的模式，是否存在？

《食通信》的问世

在我出生前的20世纪70年代，全日本有1025万的农民，现在仅剩下不到200万人，而且超过75%都是60岁以上的老人，跟我同年代的40岁以下的青壮年农民只有17万人。渔民的情况也差不多，从70年代的57万人锐减到了今天的17万人，一半以上超过了60岁，40岁以下的渔民只有区区2万人。

造成这种状况的原因是农渔产品价格的低廉。在我们国家，消费者和生产者被巨大的流通体制阻隔开，作为消费者，我们能获取的诸如价格、外观、味道、卡路里等所有与食物相关的信息，都只存在于消费端。我们不了解生产者的处境，只想着尽量购买物美价廉的东西。而另一端的生产者由于在价格制定交涉上处于弱势，备受价格竞争之苦。“干这行养不活自己，还是去城市找出路吧”，无数的农家子弟，在大人们这样的教诲下长大，背井离乡去城市闯荡。

虽然我们常常感叹农村渔村在日渐衰败，但是无数的城市人通过救灾重建活动感受到了温情，感受到了人、社区、自然的融合，而这些正是繁华都市最缺乏的。参加了救援活动的很多人，回到城市后会购买灾区生产的农产品，或者再次去灾区看望受灾者。看到这些，我觉得可以尝试让生活在城市的人们与农村、渔村产生某种联系。

如果能到实际的生产现场体验生产过程，了解自己每天吃的东西都是由谁生产出来的，我们一定会萌生出共感和理解。知道和了解了隐藏在食物后面的生产者，我们对于食物的看法应该也会随之改变。将城市和农村、生产者和消费者糅合在一起，让两者之间不仅存在“物”和“钱”的交换，而且可以有生产现场的体验和交流，甚至价值和价值的交换，如消费者对生产者提供IT技术支持等。城市和农村，可以通过连接沟通来解决彼此存在的问题，这不正是打破现代社会闭塞感的一条蹊径吗？

带着这样的构想，我和在灾区结识的同好们于2013年创办了NPO组织“东北开垦”。我们想通过介绍生产现场的种种，增加东北食物生产者的粉丝。经过无数次讨论终于敲定了一个项目，这就是史上首份附带食物的杂志《东北食通信》。

关于《东北食通信》的制作，我们每个月会去东北各地寻访一些我们关注的生产者，搜集采访素材，包括生产者本人对自己工作的想法、作物的生产方法、地理风土、烹饪方法等，再通过插画让作物的生长机理及自然构造等更加简单易懂。然后，把这些素材组合成一本A3大小合共16页的杂志，寄给订阅的读者。重要的是，我们的《东北食通信》每期都会随杂志配送一份经过编辑精心挑选的食材，其实可以说是另一种以杂志为主、食材为辅的产地直送服务。

日本的生鲜食品物流配送网络是很发达的，现存的产地直销服务充实、种类丰富、物流快捷，对此，我们只能望其项背，根本无法与之抗衡。但是其他的产地直销都是以食材为主，附加一些简单介绍的小册子。我们却反其道而行之，将小册子升格成了真正的杂志，食材作为附录每月随杂志寄送。

我们在2013年7月推出了创刊号，做了一位牡蛎渔民的特集。他在东日本大地震后毅然辞掉贸易公司的稳定工作，回到家乡宫城县石卷市的渔村参与灾后重建。生产者为我们提供600日元的食材，由我们随杂志一起寄送给读者。每期

杂志的定价是2580日元。现在有1200位读者定期购买我们的杂志。我们还设立了Facebook群，读者可以通过这个群跟生产者直接交流。东北的生产前线远离东京等大城市，但是我们可以依靠这些通信工具建立生产者和消费者的联系。

创刊号发行以后，立即通过口口相传而声名鹊起，并在读者中掀起了波澜。首先是对随杂志配送的食材的评价。不管是牡蛎还是蔬菜，大多数人都觉得比平时在超市购买的要美味很多。还有的读者告诉我们，送到的食材虽然是他不太喜欢的，却“第一次觉得这个东西也还挺好吃的”。有人因为是产地直送，所以觉得好吃，也有人认为每份食材都是生产者用心培育的，所以分外美味。其实，真正的原因可能是因为他们了解到了隐藏在食材后面的故事和人，不是用舌头而是用心在品尝每一份食材。因为我自己也作为消费者有过切身体验，所以感受格外深刻。走进生产者，了解他们生产培育的过程和故事后，带着理解和感恩的心态品尝，当然别有一番风味。

刚打捞上来的牡蛎，配上渔民的解说来品尝，确实是在城市餐厅里享受不到的体验。渔村的老奶奶从海边捡回的海藻，在热汤中渲染开的那一抹翠绿和袅袅氤氲的香气，原本在城市里根本没机会体味。但是现在，我们的《东北食通信》可以让大家在城市拥有这样的别致体验。

小菊南瓜的复兴

创办《东北食通信》以后，我们发现生产者也有了很大的变化。举一个在会津从事小菊南瓜传统种植的长谷川纯一先生的例子吧。小菊南瓜大约在400年前从葡萄牙传到日本，是会津的农民世世代代培育的传统蔬菜。以前有很多人都种这个，但2013年我为了《东北食通信》的采访来到会津的时候，仅有两个人还在种植这种蔬菜，可以说已经濒临灭绝。去拜访长谷川先生的时候，他也跟我抱怨因为坚持种这个不挣钱的蔬菜，被妻子埋怨，被乡亲笑话。因为不能大量种植，小菊南瓜的市场价格一直涨不上去，导致这些年种植的人越来越少。“那你为什么还坚持种呢？”对于我的追问，长谷川先生这样回答：“因为我要是也不种了，那小菊南瓜就会在会津消失，会津就不是那个会津了。已经传承了400年的东西应该继续传给我们的下一代，我觉得这是我的责任。”我把这段话原封不动地写到了我们的杂志里，连同长谷川先生种的小菊南瓜一起送到了读者手上。

这段故事引起了很多读者的共鸣，有的甚至付诸行动。读者中有人在Facebook上发起了回收小菊南瓜籽寄回给生产者的活动，立即有50多人响应。他们把南瓜籽一颗颗清洗干净，干燥后装入信封，连同感谢信一起寄给读者代表，再由读者代表挑出可以继续使用的南瓜籽直接送到长谷川先生手上。因为小菊南瓜是传统蔬菜，在种子公司买不到种子，只能靠每年收获的南瓜籽用于来年的种植。由于生产量很小，每年收集保存种子对长谷川先生来说不是一件容易的事情，于是大家就想在这件事上尽量帮他一把。

热心读者的行动给了长谷川先生很大的勇气。他在第二年联合当地的农林职高的学生一起播种，精心培育，并将收获的南瓜送给了以《东北食通信》读者为主的粉丝们。这些活动都不是我们编辑部主导的，是长谷川先生和读者们自发举办的。3年后，长谷川先生的种植面积扩大了10倍，附近的农民也开始重新种植这种蔬菜，人数已经增加到了15人。销路也因此而打开，以前几乎一文不值的小菊南瓜，如今已是市场上的抢手货，经常供不应求。再也不愁销路了，长谷川先生喜不自胜。

城市的读者们热心地将小菊南瓜介绍给附近的餐厅和媒体，扮演了半个推销员的角色，这在南瓜销路扩展上起到了相当大的作用。我们的这些读者是各行各业的精英，在成熟的消费社会里浸淫的他们拥有严格的审美，要想获得他们的肯定，农产品和他们的生产者必须要有一定的魅力和价值。一旦得到他们的肯定，他们就会想方设法进行各种支援。这种支援在某种程度上也提高了自己消费行动的价值，消费者也乐在其中。农业和渔业等本来是非常保守的行业，但是因为很多领域的专业人士的介入，生产者和生产现场都会得到改变。这就是横亘在生产和消费之间的阻

隔被打破后，第一产业应该有的面貌。这样的生产者和消费者共同参与第一产业，可谓是一种生产者和消费者之间的“市场共创”。

通过《东北食通信》打开销路，稳定客源，改善生产者的经营状况的例子还有很多。福岛喜多方市的江川正道先生利用荒废耕地种植芦笋等蔬菜，销量翻了3番；秋天县八峰町的渔民山本太志先生通过《东北食通信》开始了真正的产地直销。

有一回，岩手县岩泉町的中洞牧场联系我们杂志编辑部，“因为想给牧场关联方及客户发送《东北食通信》，能否请你们增印2000本？”之前他们曾经通过出书、小册子、网页等各种手段进行宣传，但效果都不尽如人意。“像《食通信》这样能够精准地推介我们的媒体真是少之又少，所以不管出多少钱，我们都想拜托你们增印这一期。”所以，通过《食通信》做哪怕只是一期特集，对生产者来说都是非常好的宣传手段。

食物改造社会

每个月做一期以不同生产者为主题的特集，同时准备不同的农产品寄给读者并不是一件容易的事情。包括实习生在内的每一个编辑部工作人员从采访、写稿到装箱，事无巨细全部亲力亲为。尽管这样，我们还是会遭遇一些突发状况，如受天气影响或者作物的生长状况欠佳等原因导致杂志不能如期发行。为了方便读者，我们接受读者指定配送日，但是也会因为天气等原因不能按时送达。大家知道很多食材生产受天气制约很大，就算延误也没有很多投诉。2013年9月那期我们做了福岛县相马市的Dogon鱼的特集，但是那年夏天受天气影响打捞量少得可怜，导致我们10月、11月连着两期都延期发行。“肯定有很多投诉，这可牵涉我们的信用问题”，渔民和编辑部都非常担心。到了11月还是捕不到鱼，渔民于是在Facebook上跟大家道歉。但是意想不到的是，大家的回复都是“天气不好没办法啊”，“等待也是一种乐趣哦”，如此这般，温情窝心。听说还有人专门去神社为生产者祈求风调雨顺，让我着实感到了大家和生产者心连心。

日本的产地直销服务，经常会宣传这是一种“看得见的关系”。印有生产者照片的宣传册和产品一起送达，让消费者能够知道谁生产、怎样生产了这个东西。但是其实这只是让消费者了解了生产者，生产者却不知道自己生产的东西被谁消费了，这只是一种单向的联通。但是在《东北食通信》建立的生产者、消费者共用群里，读者会贴上食物照片，表达对生产者的感谢。对生产者来说，自己辛勤培育的果实，直接得到消费者的肯定，是对他们最大的褒奖。构筑生产者和消费者的双向沟通，并以此促进他们更加紧密的联系，可以说是我们这份杂志最大的目的。所以我们不求大但求精，重视社区的力量。我们将订购读者人数限制在1500人以内，2015年读者一度超过1500人，我们立即停止接受新的读者订阅。

区区1500人就想要支撑整个日本的第一产业，确实显得有点势单力薄。所以我们开始考虑联络东北以外的地区来扩大我们的圈子。现在，在全国已经有38个独立核算的编辑部编辑出版《食通信》。在管理上，我们采用了较便利店的加盟制更加注重对等关系的联盟制。为此，我们在2014年成立了一般社团法人“日本食通信联盟”。各地的主编每个季度聚会1次，共同讨论运营方针等各项议题。我不会对各地的编辑部就运营等做任何指示，以维持一种对各自价值观相互认同尊重的关系，还是小规模、分散性的组织结构比较靠谱。奔着同一个目标的伙伴们聚集到一起，自治体、一般企业、NPO、渔协、报社及电视台，各种各样的机构和团体加盟进来，成为《食通信》的发行主体。我们从加盟者那里收取加盟费30万日元及营收的8%作为商标系统使用费，除此之外，完全尊重各加盟者的自主性。

例如，福岛县创刊的《高中生的食通信》，由一个叫“ASUBI福岛”志在培育复兴重建人才的非营利组织编辑发行。当地的高中生组成编辑部，完成采访编写，向全国传递受风评影响的灾区人民的奋斗拼搏故事。

在创刊号上，编辑部菅野智香这样写道：“我最亲爱的家乡福岛县，在2011年核泄漏事件后受到很多人嫌弃。地震后面目全非的街道房屋和新闻里充斥的风评被害的消息都让当时初中一年级的我手足无措。得不到正确信息的人们觉得福岛非常危险，所以对产自福岛的农产品敬而远之，这让我非常难受。但同时我也再次确定了自己对家乡的热爱，希望将来能为她做些什么。作为高中生，我们想要把福岛的美味，辛勤培育这些农产品的人们的所想所愿传达给更多的人。”

在各自的土地上，怀着各自的梦想，将自己热爱的土地及生产者的故事传递出去，这就是我们创造的《食通信》。

不单单是想法和模式，因为涉及市场营销、地理学、社区，包括经营等方方面面，所以我们的联盟才有价值。食通信联盟总部不仅考虑让操作运营方面更加精进，而且还会通过3个月一次的联盟运营会议让大家进行充分交流。对于我们来说，每期杂志的发行出品是最浩大的工程，但是有的地方食通信编辑部能想出把这个环节变成交流会，组织读者一起从生产现场运送食材，这样有趣大胆的创意也让我们受益匪浅。

食通信联盟同时也是活跃在各地的创业家的集合。通过《食通信》这个媒介挖掘出来的生产者及生产现场的信息、各种新鲜的体验，以及利用构筑起来的信赖关系分享在观光、饮食、地域推介、教育等各个领域的事例是“日本食通信联盟运营会议”最大的价值所在。

当今的日本社会，不管是城市还是农村都缺乏活力。“城市还是农村”，人们往往将二者对立起来讨论问题，其实两者都各有所长，也都有各自的问题。我希望通过《食通信》构建一个让两者能平衡发展的社会。

具体来说，就是一种超越了地缘和血缘的新型社区，是一个可以称之为新家乡的地方，是发生任何不测还可以让我们彼此保护、相互帮助的安全防线。所以，我想把《食通信》推广到全国。有同样理念和生活方式的人越多，生产者的社会地位肯定会越高。截止到2017年9月，全日本已经有38个据点，我偷偷给自己定了个小目标——100！相信星星之火终会燎原。

而且，令人高兴的是，在亚洲的其他国家和地区，也已经开始酝酿《食通信》的创刊。少子高龄化、劳动力不足、城市人口密集等，是整个东亚地区共同的课题。我期待与各国的有志之士一同来解决这些问题。今年我就有计划去几次中国。

有人曾告诉我：“如果想走得快，则独行；如果想走得远，请结伴而行。”我们致力于建设的“生产者和消费者一体化”的社会现在看起来似乎还遥不可及，但正因为这样，我们希望和面临同样课题的东亚伙伴们携手奋斗。《东北食通信》的核心理念是“改变食物就是改变社会”，我会扛着这面大旗，继续坚定地走下去。

高桥博之
日本《东北食通信》总编辑
翻译：肖俏

小农民与大时代

文 / 李丽

“

感谢社区伙伴的邀请，让我在第一时间读到这组题为“看见小农”的内容，以及有机会来分享，通过这些文字，我看到什么样的小农，以及小农正在以什么样的状态和策略，在这个急速变迁中的时代生存和发展。

”

何为小农

宇辉提到一个有趣的问题：何为小农？是以耕作方式，还是农耕面积来界定？正纠结时，他从阅读中获得灵感：从人和土地的关系、生活方式的选择与实践来理解和辨识。他写道：“每一个人都与土地密不可分。以农为本的生活意味着对‘身土不二’的认同，意味着遵从大自然一年四季的规律，意味着因感恩大自然滋养着我们而带来的完整生命选择。带着‘以农为本的生活’去看‘谁是小农’这一提问，或许比斟酌‘小农’的定义更有启发。”这也是一个有趣的答案。

早前，学术界将“小农”（peasants）从广泛意义上的农业从事者（farmer）中剥离出来。后者包括耕种者、农场主、畜牧者、牧场主、承包者等农业经营者。这种剥离，包含着丰富多元的观察和解读视角，其中人与土地的关系、农耕与生活的关系被反复提及。

我也认真揣摩过两者的差别。于“农业经营者”而言，土地与自然是从中获取生计与利润的“资源”，其价值往往以物质所得衡量，在资本时代，甚至窄化为以货币衡量。

对于小农而言，土地与自然的意义则丰富得多，在获取生活所需的同时，融入与自然深度联结的生命体验、情感与信仰，也就是宇辉提到的“身土不二”。黄寅笔下那位知足快乐的龙运才大哥所在的侗族地区，这种认同孕育出“江山是主人是客”的敬畏与谦卑，也发展出稻、鱼、鸭共生的农耕系统。在这个系统里，人是自然的一部分，而不是征服者与操控者。人们爱护自然，很大程度上基于共情，而不仅仅是“可持续使用与获益”的功利计算。

这种认同，非躬身耕作者不能得。这也从另一个角度解释了：小农之小，确实与规模有关。尽管很难以具体的面积数量来划分，但可以想象，贯注情感去劳作和照料的土地是有限的，不可能支持大规模的垦殖畜养。因此，自给自足——满足自身及家庭的物质与精神生活所需，乃是千百年来小农的生活方式、目标与特征。

想必未来应如是——身心安顿、愉悦劳作，获取生活所需的同时感恩回馈自然，是人们选择小农生活方式的首要目标与价值。这次专题当中，描绘了很多返乡农人的这种幸福感：

贵州的朝利侗寨，龙运才大哥稻熟鱼肥，折禾烧鱼，唱歌过节，富足欢乐；成都平原上，王成和他的太太瑞莲，一个谈起地里的植物，语气如同说起自己的孩子，一个聊起农场里安居的小动物，“眼睛亮了”；在亮亮农场，唐亮妈妈浑身洋溢着满足与骄傲，唐亮爸爸焦虑不再，怡然自乐；郑军种出肥美健康的番茄和青菜，得到消费者的信任和认可，心满意足；湖南嘉禾的刘敏涛，如愿以偿地跟从小就在一起的果园朝夕相伴，实现老婆孩子热炕头的向往……

当然，这只是小农生活的美好一面。

处境与挑战

在中国广袤乡村生活的绝大部分农民，向来被研究者视为“小农”或“乡民”。在历史语境中，小农之小，不仅描述生计方式的脆弱性，还标示出这一群体的经济、政治和社会地位在所处的“大社会”中居于弱势。

费孝通[①]在《乡土中国》中称，“中国的基层”是这些被城里人“蔑视”的“土头土脑的乡下人”，他们靠土地谋生。

R.H. 托尼[②]这样描述 20 世纪初的中国农民：由于“小片土地，古老的耕种技术、变化莫测的气候以及外部的强征”，因而“始终面临严重生存危机”。他们的处境就如同“一个人长久地站在齐脖深的河水中，只要涌来一阵细浪，就会陷入灭顶之灾”。

艾瑞克·沃尔夫[③]则从权力不平等来解释小农之“小”：“当垦殖者屈服于外界权者的要求与裁可——我们才可以称他们为乡民。”

一个世纪走过，中国农民及其所处的“大社会”均发生了巨大变化。一系列社会改造之后，小农已不再面临明显的外部强征，转而代之的是

① 费孝通（1910—2005 年）：江苏吴江人，社会学家、人类学家、民族学家、社会活动家。在导师马林诺夫斯基（Malinowski）指导下完成了博士论文《江村经济》，被誉为“人类学实地调查和理论工作发展中的一个里程碑”，成为人类学界经典之作。曾先后对黄河三角洲、长江三角洲、珠江三角洲等进行实地调查，提出既符合当地实际，又具有全局意义的重要发展思路与具体策略。同时也进行一生学术工作的总结，提出并阐述了“文化自觉”的重大命题，被誉为中国社会学和人类学的奠基人之一。

② R.H. 托尼（R.H.Tawney，1880—1962 年）：英国经济学家、历史学家、社会批评家、教育家。先后任教于格拉斯哥大学、牛津大学，并担任伦敦大学经济史教授。代表作有《16 世纪的土地问题》（1912 年）、《贪婪的社会》（1920 年）、《宗教与资本主义的兴起》（1926 年）、《中国的土地和劳工》（1932 年）等。

③ 艾瑞克·沃尔夫（Eric R. Wolf，1923—1999 年）：人类学家，因乡民研究、拉丁美洲研究，以及在人类学之中倡导马克思理论的观点而知名。

席卷而来的全球化、工业化和城市化浪潮。正如赫尔南多·德·索托[①]所言：“我们正在经历一场大规模的全球性的空前的变革运动，西方国家以外的人民，正在摆脱自给自足、相对封闭的社会环境，在更广阔的市场上相互依存。”

小农不向地主交租，不向政府纳税，但市场的隐性索取却越来越突出——教育、医疗、农资以及维持消费主义推动下日益高企的“体面生活”所需要的大笔现金，驱使他们廉价出卖产品和劳动，乃至离开土地，到城市去寻找生计。留乡或返乡的小农，还要面对更大的挑战——被污染的水和土地，丢失的传统智慧，疏离的人际关系和攀比之心……

朝利侗寨想要恢复泥鳅节，而田里已经没有泥鳅；越来越多的年轻人外出打工，留在家里的年轻人不想务农，换工互助变成现金购买；在广西都安，外来品种取代了自留种；在川西平原，在湖南嘉禾，离开了化肥、农药、除草剂，人们仿佛已不知如何耕种；而很多返乡农人，在尝试启动生态种植时，都会遭遇来自同为农人的亲友的反对、嘲笑和不解。

此外，小农的另一种困境：在偏远山区的小农，受困于交通与信息不便，农产品难以出山换取现金收入，比如都安；地处城市近郊的小农，则在城镇化进程中时刻有失去家园与土地的担忧。

可以说，21 世纪的小农大体上摆脱了“水深齐颈”的严重生存危机，但仍在所处的“大社会”中居于明显弱势。杂交品种和农药化肥的引进一度提高了产量，也使生产成本（购买农资的现金投入）大幅增长，打工收入一定程度上缓解了恶劣自然条件造成的“生计脆弱性”，同时也增加了家庭经济对不可把握的大市场的依赖。而且，作为土地的耕耘者，直接承担土地污染、生态恶化和气候变化等一系列工业化进程的后果，以及作为全球市场产业链的最低端，被迫接受层层转嫁的风险。

小农的类似处境，不仅在中国，也在泰国、日本，甚至亚洲和更大范围内普遍存在。乡村的人们往何处去、如何安身立命，也许将成为 21 世纪一个世界性的问题。

觉醒之路

庄孔韶[②]提出，急剧变迁的大时代中，小农未来的理想图景是“保持和契合小农传统基础上的农业社会发展线索”，“排除文化替换的不得已的、生硬的努力”，在增加农民福利的同时，尽可能缓解震荡和痛苦。

在这样的背景下，这组专题里的生态小农和他们的探索实践，显得尤其另类、尤其珍贵。

毫无疑问，他们是觉醒的人、是小农中的先驱。无论是贵州的龙运才、广西的胜哥，还是湖南的敏涛、四川的郑军、唐亮和王成夫妇，返乡并非盲目跟随或被动裹挟，而是经过反思和自我追问的，每个人都问过自己：“我是谁，我想要怎样的生活。”这种自觉让他们有了清晰的生活愿景，意识到自己有力量去选择走一条大家都不看好、实际上也困难重重的另类道路。

这种觉醒的契机，来源于过去几十年广阔的城乡流动。不论求学或打工，大量小农及其子弟，不再困守一隅，而是有机会经历不同的职业与生活情景，有足够丰富的阅历和视角回望自己的家乡，回望自己的生活，从中找到回应自己真实需求的资源和价值、道路和方向。

也来源于学习的机会。从这些生态小农的故事中，我看到他们都有一些重要的学习经历，或受触动、或被点燃、或得到实用的经验和支持。他们背后关联着一些熟悉的名字：社区伙伴、宣

① 赫尔南多·德·索托（Hernando de Soto）：秘鲁经济学家，利马市“自由与民主学会”主席，曾被《时代》和《福布斯》杂志称为世界上最具号召力的改革家之一，为全世界 20 多个国家和政府首脑制定所有权改革计划，并和自由与民主学会一起为亚洲、拉美和中东贫困国家制订和推行资本形成计划。代表作有《另一条道路》和《资本的秘密》。

② 庄孔韶：浙江大学人类学研究所所长、教授，中国民族学人类学研究会副会长、中国影视人类学学会副会长、《人类学研究》主编。参加组织和主持第 16 届世界人类学民族学大会电影节，主要研究领域为汉人社会、游耕少数民族、教育人类学、影视人类学、应用人类学等。

明会、成都河研会、沃土工坊、北京有机农夫市集、泰国的 Wanakaset……

就此，我有两点感触：一方面，小农事实上的弱势状态，与学习资源的匮乏有关。对乡村教育的关注和讨论，以及实际的资源投放，大多集中在基础教育；而针对占中国人口绝大多数的成年农民的教育，并未得到重视。已有的农民学习，主要是农业或实用技能培训，而作为一个完整的人的发展，农民需要更贴近其生活与文化、更面向世界、更丰富的学习内容和机会。另一方面，作为一个农村发展工作者，我深深同意，人的觉醒与成长、人与人的相互看见与联结，是发展工作最核心的价值。

这些觉醒的生态小农，不约而同地在做修复的事：修复土地、修复健康，也修复与自然的联结。

他们重拾老品种，恢复节庆，修复家庭，也修复城乡之间、生产者与消费者之间的联结与信任。

每一种修复里，都在努力地扎根，扎根于脚下的土地，也扎根于所生活的社区。敏涛守护自家果园的同时，开始关注社区的垃圾处理。那一桶桶泼向焚烧垃圾的水，倾泄出他的愤懑，也启动了他对于个体家庭与社区共生关系的思考——独善其身是远远不够的，要营建更美好的家园，需要激发社区更多人的觉醒与共同行动。

他们在小农之“小”中感到迷茫，而又勇敢坚韧地寻求突破。

在都安，生态小农的实践受到社区的怀疑不解，产品受交通和信息等因素限制难以外销，对此，他们另辟蹊径，发现并启动社区内部市场——让生态农产品供应本地学校，同时通过举办校园活动，帮助家长们看到食品安全的问题，增进对生态食材的理解和信任。

更多的小农在以各种方式“联合起来”，从联合家人与家族，联合社区同行者，到联合相邻区域的其他生态小农，联合城市社区的个体或团体消费者——联合行动与发声，也相互交流和学习，以获得较大的力量改变面对外部世界时的“小”与“弱”。

其中，泰国和日本的两个案例，让我看到小农合作的路径与前景。

陈小泰不仅在农民的网络中获得学习和交流的机会，坚定自己返乡的信心，从网络中学到生态种养殖知识技能，也从网络中获得市场信息与机会。他协助的农民合作社通过合作改善了生产方式和产品，也通过合作让小农主动去开拓市场成为可能。正如陈小泰所说：“小农的资源和资本都有限，只有大家一起努力才能赢得更多的社

会认可，让团队更加坚实，让利益更加有保障。"

在日本，高桥博之所开创的《食通信》，则是以媒介为载体创造的超级联盟。这种"超级"从目前来看，集中体现在它不仅发掘和联合了一大批生态小农，同时发动了一般企业、NPO、渔协、报社及电视台等各种各样的机构和团体加盟进来，成为《食通信》的发行主体。高桥称，这是一种超越了地域和血缘的新型社区——它同时回应了小农与城市居民的需求，它凝聚了追求共同理想和生活方式的人们。在中国内地，也有类似于《食通信》思路的实践，如社区支持农业（CSA）和参与式保障体系（PGS），期望带动更多的机构、团体和个人一起去发现和鼓励小农的生态转型。

挣脱裹挟

我观察到，互联网和物流网的普及，为小农的合作以及发展与城市消费者的新型关系提供了便利条件。郑军、唐亮等生态小农的创业中，都借力于淘宝、微店等线上交易平台。但前提是，小农需要具备使用信息与物流通道的条件与能力。正如我的前同事、贵州黎平龙额侗寨的返乡青年张传辉所说，人人都有手机的时代，相当于高速公路开到家门口，但小农能否开车上去跑一跑，则是个问题。阿里巴巴的农村淘宝曾宣称"以服务农产品销售为首要目标"，但实际运营的结果却成为工业品、消费品下乡的主要通道。

此外，更需要关注和警醒的是，信息和物流的"高速公路"，将原本相对封闭的社区和小农与世界市场直接连接，在打破产业阶梯、给乡村带来更多机会和利益的同时，也将使社区和小农直接面对全球化的所有挑战，以及市场的外部效应，尤其是少数民族地区的生态和文化，将面临更大冲击。

据媒体报道，2014 年 4 月，《舌尖上的中国 2》播出了雷山鱼酱的节目后，"引发了我国一场电商速度之战"。

报道称，2014 年 4 月 19 日上海一位卖家连夜派人赶往贵州雷山，凌晨 2 点找到厂家，早上 8 点等到厂长，9 点谈定价格，10 点半传回相关图片素材，11 点将鱼酱在天猫上线。天猫平台的销售速度也令人吃惊：上线 20 秒，卖出 5 坛，到晚上 10 点，1000 坛鱼酱售罄。当年，该县涌现鱼酱加工厂 10 家，收购鱼 18 吨。全年销售鱼酱 150 吨，产值 1200 万元。

在傲人的销售业绩背后，并没有人关心和评估，暴增的销量，是否会造成用于制作鱼酱的野生鱼面临过度捕捞，以及将给当地河流生态带来何种影响。

因此，小农合作、城乡互动、打破信息鸿沟等种种努力，不能仅将小农和乡村当作农产品的供应者，更需要在此过程中呈现和伸张小农和乡村对生计安全、生态平衡和文化情感的完整价值与需求，让小农和社区看到，也让需要食物、相互依存在这片土地上的每个人看到。

在泰国，农村发展工作前辈恰恰弯[①]创办传统智慧网络，协助小农和社区发现本地智慧并重新贡献于生活，试图激发个体和社区自主性的觉醒。恰恰弯认为，这种觉醒，既有自我价值的伸张，又有不合理欲望的觉察和克制，方能在大时代各种力量的巨大裹挟中，找到自己生活的重心，获得改变的力量。

正如恰恰弯强调的，这种觉醒，不仅小农和社区需要，每个人都需要。

李丽
贵州乡土文化社创始人

① 恰恰弯（Chatchawan Thongdeelert）：泰国清迈社会管理学院（College of Social Management, CSM）院长、社会活动家，联合各种职业部门设计、执行和解决迫切的社会问题。曾参与建立多个公民社会组织，建立博物馆，积极投身于地方文化保护，并致力于传递传统智慧与文化给年轻一代。

见远 | **转型城镇**

在危机中播种善意的滋养

文/梁迎

这是我们所处的时代。正在发生的毁灭悄无声息地侵蚀着我们赖以生存的生命根基，有科学家因此而预言“人类世”（Anthropocene）的终结。2009年由一群环境科学家提出的“地球界限”[①]概念，首次把环境问题聚焦在适合人类生存的地球的可承受界限上，同时指出，在9个地球界限值里已经有4个变量超出了临界，分别是物种灭绝的速度、森林砍伐的程度、大气层二氧化碳的含量以及生态系统中氮和磷的含量。有人提出，这是人类首次以有别于“环保”的角度提出了“人保”，换言之，我们不仅需要“无私地”保护地球，更需要全力自保。在自然层面，我们更像是温水里的青蛙。而在个人和社会层面，媒体无时无刻不提醒我们，经济的动荡、社会的动乱、人类的互相残杀、身心的摧毁，种种曾经只存在于荒诞小说里的场景都变成了现实，像是一滩积水，倒映着自然层面的汹涌。

面对同一个时代，不同人有不同反应。有些人全然不了解这些看似与柴米油盐无关的境况；有些人面对当下的各种危机视而不见、毫无感觉；有些人则成了热锅上的蚂蚁，越来越聒噪不安，最后沦为悲观主义者；还有一些人，从自身的需求出发，积极努力地创造理想的生活和工作，改变自己还不够，因为他们相信养育一个孩子需要一个社区，共同面对这样一个时代更加需要一个社区。

2006年开始，英国西南部的托特尼斯社区，开始有意识地通过在地化行动应对人类文明面临的挑战，坚信凭借社区力量足以找到应对挑战的解决之道。正如转型运动创始人之一罗布·霍普金斯[②]所说：“如果我们等待政府行动，效果会很小，也晚了点；如果我们自己来，影响力有限；但是如果是一个社区一起行动，就刚刚好，也够及时。”

---

① “地球界限”（Planetary Boundaries）由瑞典科学家约翰·罗克斯特罗姆（Johan Rockström）及其同事于2009年提出，该理论总结出地球生态可承受的9条安全界线，包括气候变化、生物多样性、氮和磷的过量生产、臭氧层空洞、海洋酸化、淡水资源使用、农业土地利用、空气污染和化学污染，人类要避免环境灾难，就不能逾越这些界限。

② 罗布·霍普金斯（Rob Hopkins）：托特尼斯转型城镇和转型网络联合创始人，有多年教授朴门永续设计和自然建筑经验，在爱尔兰的金赛尔继续教育学院开发建立了世界首个两年制全职的朴门永续课程，并帮助爱尔兰第一个生态村获得建设许可。

在这样的社区里，逐渐形成一种滋养人的文化。这是一种强调与自己、与他人、与自然相联结的文化。随之，勇敢的对话和非凡的改变慢慢浮出水面：重新做回“经济”的主人，成就自雇者和创业者，重新定义“工作”，重新获得人生技能，逐渐编织出社会支持网络。从托特尼斯开始，到现在遍布世界各地的1000多个转型小组，包括学校、村落、城镇，规模不同形式不一。这就是源于英国的转型运动，那些令人兴奋的转型故事像电波一般广泛传播。

继20世纪70年代由《寂静的春天》[①]一书掀起的对生态环境破坏的反思，一部分先行者开始探索人类发展的本质——何为发展、人该如何立命。随后，各类生态社区在世界各地涌现，如苏格兰的芬霍恩[②]、印度的黎明之城（Auroville）[③]，都是在一片荒芜中打造的理念社区，涵盖生活的所有方面。40多年后，转型运动在已有的城镇中发起，把对人本、社会、生态的探索拉下“圣坛”，放慢步伐，贴近普通百姓，通过一个个的小举动促进人们意识的转化，并强调与当代已有范式的磨合，而不是纯粹的另辟蹊径。可以说，转型运动与生态村是在不同维度携手，为不可能创造可能。

关于转型的描述有多种形式，其中一种主要在项目层面，如介绍新能源公司、城市菜园、社区经济项目、社区货币，给人一种琳琅满目的梦幻感，像是城堡里通过魔术变出来的糖果。而另外一些介绍则将转型运动这种现象放在当今时代背景去思考。项目有生死灭亡，而项目背后运动的机理才生生不息，激发人类不断思索关于“存在”的问题。纵观历史，人类文明的每一个脚印都是对大环境的直接回应。

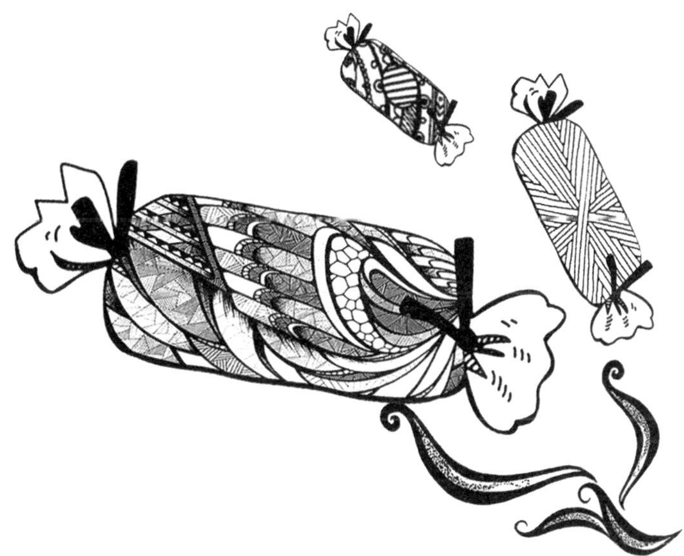

① 《寂静的春天》是美国海洋生物学家蕾切尔·卡逊（1907—1964年）所著，于1962年问世，第一次阐述了DDT的危害，以扎实的数据和资料，严肃地指出人类不加选择地滥用农药、杀虫剂和除草剂等化学合成制剂，将会危害鸟类和其他野生生物的生存。该书第一次向人类提出警示，化学合成制剂通过污染食品、空气和水，直接威胁人类的健康和生存。有评论认为，该书是20世纪最早、最有说服力的呼吁保护生态平衡、拯救地球的开山之作，引发了美国乃至全世界的环境保护事业。

② 芬霍恩生态村（Findhorn）：创立于1962年的灵性社区，在可持续能源、社区经济、自然建筑、有机农业等领域共同探索以人为本、永续生存的路径，1998年荣获联合国人类住区规划署颁发的最佳范例殊荣。

③ 黎明之城：又称阿罗新村，位于印度东南古城本地治理（Pondicherry），前身是阿罗宾多修道院，是印度圣人阿罗宾多（Sri Aurobindo）与法国人“神圣母亲”（The Mother）开创的乌托邦实验所在地，于1968年举行奠基仪式，有124个国家和印度各邦的青年代表出席。

什么是“转型”？从这里转到何方？“转型”是个动词，一种时刻处于“变”的状态，一种顺势而为。从对能源枯竭和气候变化的担忧中孵化出来之后，转型运动就没有停下思考和创新的脚步。它以本地化的视角反思国际大型救援行动的逻辑，渐渐在“做”（doing）的状态中，把“存在”（being）的状态放回人类的属性，把看似“不作为”的修身价值重新拿出来让人类琢磨品味。一定程度上，转型运动是一场对于现代文化的反思与实践：在经济全球化的大环境中探索本地化，在大政府大企业为主导的现代文明中聚焦个体和社区的力量，在人人都是消费者的物欲世界重塑动手造物的神圣，在忙碌的节奏和英雄为王的时代下提出内在转型和健康小组，在品牌为重的文化下重构松散型网络，充分尊重项目的独特性和自主性。转型运动没有教条和标准答案，以大自然为师，以人为本，在这个充满悲剧与灾难的时代，充分信任人性，给人以最珍贵的希望，重新赋予人本力量，归还人类玩乐与群居的天性。罗布·霍普金斯说过，创造力、设计和艺术赋予转型小组创造独特之处的可能性，那些令你眼前一亮的瞬间会让你忘了转型这个名字，而去享受它们给你带来的美好、挑战和包容。转型是一场持续的社会实验。通过创造健康的人类文化，与社群一起重新想象和筑造我们的世界。在这里，每个人都是参与者和筑造师。因此，转型只是奠定一个基调，系统和框架是在探索中不断成形和调整的，转型运动是一个百宝箱，与转型的理念相似的任何活动都可以得以释放，都可以加进来丰富转型运动。转型永远没有饱和状态，就像一个活细胞。它很包容，因而得以生生不息。

转型运动背后有一个启动逻辑，就是化石燃料总有一天会被消耗殆尽，气候变化的紧迫性需要人类尽最大可能减少对化石燃料的依赖，而新能源的产能无法与化石燃料时代相提并论。所以降低能源消耗量，回归简单和朴素的生活才是治标之本，而不只是一味宣扬转变能源结构，渴望用日益疯狂的科技创造美好生活，把绿色产品“漂绿”成新一代消费品。一味膜拜增长，缺乏对返璞归真的真正向往，我们也只能是被绑在车轮里的奴隶，无法挣脱“发展”的束缚。

有人说转型运动只是社区活动，是生活的调味品，而不像工作，是生活的必需品。人们往往容易遗忘，转型运动如果是可持续的，必须更深地融入生活，在生活和工作中也践行转型理念，而不是将二者割裂开。这正是转型运动正在走的探索。举个例子，转型小组摇身一变成为转型商业，创立本地企业，是社区自我挖掘出的需求衍生出的商机和商业，是社区在寻求改变的道路上诞生出的行动，是整个社区在创业，寻求获取受惠服务的途径，所以社区成员也会更加倾囊相助。而不像一般公司的建立，即使是有意义的社会企业，创业者和受惠群体也是在不同的起跑线上，彼此不认识， 没有地域和情感上的关联。

转型运动把好高骛远的人类拉回近在咫尺的社区邻里，回归人本身的感受和潜能，或许这就是对充满变数和悲剧的时代最善意的滋润。

梁迎
英国舒马赫学院转型经济硕士

在转型的小镇呼唤爱

文/榎本英刚 杨向若

01 环球寻爱的中年人

大家有没有想过什么样的人会成为转型城镇的创立者?

故事可以追溯至很远，让我们回到15年前。那年榎本英刚参加了日本“和平之船”①志愿者服务队，花了3个月去了全世界20个港口，为有需要的人送去食物和衣服。每到一个地方，和平船还会安排当地的专家、学者做讲座，谈谈当地的社会民生。榎本英刚一开始只是因为无所事事所以去听一下，但是慢慢听下来他意识到：我们的地球面临着很严峻的问题。3年以后，榎本英刚辞去了在日本从事多年的企业教练和生活导师工作，携妻带女搬到了位于苏格兰的芬霍恩生态村。

2007年，榎本英刚前往伦敦参加一个名为“成为改变”（Be the Change）的会议，期间听到了转型运动创始人罗布·霍普金斯的讲座。第二年，他参加了在芬霍恩举行的一个名为“积极能源”（Positive Energy）的会议，再次听到了罗布·霍普金斯的演讲。深受启发的他又前往塞伦赛斯特（Cirencester）参加了当年的“转型网络”会议（Transition Network Conference）。过往人生中的点、线、面似乎在那一刻被连接起来，榎本英刚看到了一个崭新而又契合内心的可能性。在会议最后的圆桌交流中，榎本英刚站起来宣布：我要回日本开始转型运动。

① 和平之船（Peaceboat）：日本非政府组织，成立于1983年，通过组织海上环球旅行倡议和平理念。

02 找到藤野

“其实我的思想也一直在转型”，榎本英刚说。专业上，他一直从事的是生活导师的工作，帮助别人过上自己真正想要过的生活。不同于咨询公司式的找答案和给予答案，他是以问问题的方式启发和指导。但生活导师是一对一的，只能帮助数量有限的人。目睹世界上那么多严峻问题，榎本英刚反省自己：“就像泰坦尼克都要沉了，你还在整理甲板上的椅子。”进而开始思考：如何去赋能人群，让社会变得更好？

“目前的体制没有赋予人力量，无论是从政治上、教育上还是生态上来说。”如果过一种可持续的生活，是不是可以赋能一个社区？榎本英刚为了寻找答案，亲自搬到生态村去体验。他发现生态村虽好但不够开放，是与社会主流隔离的一种小众模式，而且他并不想从头开始建立一个生态村。有没有可能将前者的精神注入一个已经存在的社区并激发其生命力？当榎本英刚遇到罗布·霍普金斯的时候，他知道，有路可走了，他要回日本做一个转型城镇。

这时候，藤野出现在他脑海。藤野是日本朴门永续运动[①]的发源地，20 年前，榎本英刚就在藤野的朴门中心参加学习。由于有一批艺术家移居入驻，现在已经是小有名声的艺术村。另外，藤野还有一所华德福学校[②]。更重要的是，当地的一个团队也对转型运动感兴趣，并已经翻译了转型手册。天时、地利、人和俱全，于是榎本英刚和志同道合的伙伴一起，在藤野开始了前期的策划和部署。

2008 年，转型藤野正式成立，成为全球第 100 个转型城镇。

03 一个转型城镇的萌芽

藤野位于神奈川相模原市藤野町，离繁华喧嚣的首都东京 55 公里，乘车约一个半小时。坐落在相模川和秋山川两条河流之畔，这是一个有 1 万人的森林小镇。

不是自然环境好就可以成为转型城镇。究竟转型藤野是怎么开始的呢？榎本英刚笑道：“‘3’是一个神奇的数字。”他首先找到了另外两个核心伙伴组成团队，然后开始打听调查谁是藤野当地有影响力的人，然后一一去拜访并

---

① 朴门永续（Permaculture）：中文也有译成朴门永续设计、永续农业。朴门永续于 20 世纪 70 年代起源于澳洲塔斯马尼亚岛，是由一对师生比尔·墨利森（Bill Mollison）与戴维·洪葛兰（David Holmgren）共创的全球永续生活运动，它是永续农法，更是指导永续生活的系统。

② 华德福教育：鲁道夫·史代纳（Rudolf Steiner）根据自创的人智学理论创建的以人为本、注重身心整体和谐发展的教育，第一所华德福学校于 1919 年在德国创立。

交谈，介绍自己是谁、想做什么。榎本英刚的团队用了半年时间做了很多自我介绍，让他们惊喜的是，大家态度都很开放、很积极。于是在第二年的早春二月，他们隆重地召开了第一次会议，向大家宣布“转型藤野”成立，并发问谁愿意参与行动。在场的50人里，有20人表示要加入。

运动由此开始。他们每隔一周举办一次活动，从中发现，让大家有意义地聚在一起的方式莫过于设立工作小组。于是根据不同的兴趣和主题：教育、艺术、经济……建立起大大小小的工作小组并行动起来。不得不说的一个秘笈是电影放映活动，它成了一个兴趣筛选器，让喜欢不同主题的人坐到了一起，开展属于他们的交流。

第一个建立起来的工作小组是“当地货币小组”。在这个1万人口的镇上，有500人参与当地货币“万屋币”的流通和使用。2009年开始时，“万屋币”小组只有15位成员，后来慢慢扩展到如今约150户人家。当地货币成员不仅可以用万屋币换购货物，到餐厅用餐，还可以购买一些日常实际需要的服务，包括照料宠物、花园除草、接送小孩等。万屋币的使用不仅促进货币在当地的流通运转，防止如连锁超市等大型商业侵吞当地经济，还促使社区成员在自己力所能及的事情上提供帮助和服务，进一步紧密联结当地社区。事实证明，万屋币工作小组凝聚了一股神奇的龙头能量，成为藤野工作小组的“打头炮”，后来有8～10个其他的工作小组都是从万屋币小组开枝散叶出来的。

04 一家生产希望的公司

2011年3月11日中午，榎本英刚正一个人在家午休，突然间楼房开始剧烈晃动。持续的强烈震动让这个岛国居民感受到此次地震非同寻常。后来全世界都被震动了，当天13时46分，日本发生里氏9.0级大地震，并随即引发海啸，后来更导致福岛核电站发生核泄漏。

“3·11”的三重灾难——地震、海啸、核泄漏，所带来的毁灭性打击，不仅是自然的、也是人为的。在藤野，虽然没有遭受到直接的冲击，但是人们也被这前所未有的灾难震惊了，一开始甚至是一种呆若木鸡的不知所措。“如果要我形容当时的状况，不仅是福岛，全日本都笼罩在一种绝望当中，尤其是面对着非人力可以抗衡的核灾难”，榎本英刚回忆道。

但绝望中，有些事物开始生发出来。不久后的一天，在一个两百人的社区邮件群里，有人发了一封信：“让我们成立‘藤野电力公司’吧。”这个提议一呼百应，首次会议时更是挤满了想参与的人。其实“藤野电力公司”不是一个法律意义上的公司，更像是一个社团，但是因为被称为公司所以引起了来自全国的关注。这个名字更是给予人们启发：“原来我们是可以成立自己的电力公司？我从来都没想过！”在几轮头脑风暴后，“电力公司”决定开办工作坊教大家怎么自制迷你太阳能发电系统。工作坊提供相关的工具和设备，然后教大家怎么一步步把部件连接拼装起来，最后完成一个可以家用的发电机。

“关键在于让他们亲手做出来，而不是去买一个做好的”，榎本英刚后来总结说。当线路被联通、灯泡亮起的一刹那，人们的脸庞也发光了，他们会奔走相告：“这是我生产的电呢！”这个过程不仅给人带来电力，更是带来能量。原来我们可以自己发电，不只是作为一个消费者坐等大公司提供电，我们可以拿回自主权。

太阳能发电工作坊非常受欢迎，那之后的一段时间“电力公司”每个周末都要去到全国各地开办工作坊。很多社区受到启发也开始创办自己的“电力公司”，后来更是形成了一个地方电力公司网络社群。

05 一百零八个好汉

除了灯泡，大家还因为电扇聚到了一起。

一位女士移居藤野前生活在宫城县名取市，当地在“3·11”中受到了海啸的重创。有一天，她给社区的邮件群发了一封信说，她在以前所住的小区曾经受到很多关照，而现在那里的居民失去了亲人和家园，住在临时避难所，夏天到了，里面酷热难耐。她想要帮助在避难所里的108户人家找到一模一样的电扇，因为当地政府要求赈灾物资必须是一样的并且需要在同一时间送达灾民手里。时值盛夏，市面上电扇本来就紧俏，商店于是规定每人每次只能买一把。为了高效地完成任务，他们调动起集体的力量：谁要是去商店看到所需的电扇就问店家有多少存货，然后发消息到邮件群里，随后相应人数的居民就会拼车前往那家商店去购买。一开始大伙儿都觉得这是一个“不可能完成的任务”，没想到两周内就购齐了电扇，帮助当地解决了燃眉之急。

夏去冬来，同样的事情继续上演：藤野居民为了帮助临时避难所的灾民募集108台一模一样的电热炕，再次展开集体行动并又在很短的时间内完成了任务。这次的行动更是获得了全国性电视台的报道，名取市的市长还给他们写了感谢信，对他们的帮助表达感激。

“重要的不一定是我们取得了什么成就，而是通过参与行动，让藤野人在灾难面前重拾希望”，榎本英刚看到了转型运动的价值从外在延伸到内在。做点儿什么，这本身就是治愈灾后绝望情绪的一剂良药，而且这种精神由媒体报道传递到全国各地，不同社区的人都因此受到鼓舞也开始做点儿什么，于是就有了最重要的一个转型：从“我啥都做不了”到“我们可以做点事儿”。

06 点亮内在的灯泡

虽然一直从事生活导师的工作，并且又是转型藤野的创始人之一，但榎本英刚也没有轻松迈过“3・11”。他前往福岛参加灾难创伤后应急障碍的心理疏导工作，近距离感受已经发生的毁灭，以及潜伏在未来的核泄漏带来的阴影。历史上发生过乌克兰切尔诺贝利核电站的严重泄漏和爆炸事故，上万人由于放射性物质的长期影响而重病甚至失去生命。日本是否会重蹈覆辙？人们背负着沉重的精神压力。作为一个 6 岁女儿的父亲，榎本英刚也被恐惧攫住，除定期自费带女儿到私立医院体检以外，他也在思考是否要像很多人那样移民国外。

2013 年，榎本英刚到美国参加一个名为“积极希望”（Active Hope）的工作坊。培训期间，学员需要诚实面对自己的内心，讲出遭遇过的痛苦。当榎本英刚试图讲述两年前的灾难时，巨大的情绪向他袭来，让他无法开口，在震后第一次哭成泪人。之后他做了两个决定，一是不再考虑移民，因为移民不能真正解决内心的痛苦和恐惧；二是从自身的经历中获得使命感，帮助他人找到生命的动力。

这也是榎本英刚的兴趣越来越多地转向“内在转型”的原因。面对巨大的灾难，人们无力，所以无望。如何打破魔咒？通过参与转型运动，身体力行地做一些力所能及的事情，然后发现：我是有能力做出贡献的，我是可以帮助他人的。在马斯洛的“需求层次理论”[①]中，自我实现是最高的层级。而转型运动正是帮助人们去充分发挥潜能，通过帮助他人从而实现自我价值。在这个过程当中，每个人都可以成为那台太阳能发电机的一个部件，连接有无，通力合作，点亮灯泡如同点亮希望。

那么，支持转型运动的动力来自哪里？在这个问题上，榎本英刚很看重一个项目是让人获得能量还是要人做出牺

① 马斯洛需求层次理论：由美国心理学家亚伯拉罕・马斯洛（Abraham Harold Maslow）在 1943 年提出，该理论将人类需求从低到高按层次分为：生理需求、安全需求、社交需求、尊重需求和自我实现需求。

性，在他看来，后者是不可持续的。政客会利用恐惧来收买人心，有些运动的活动家也会这么做。但是恐惧不会是一种持续的动力。“如果不好玩儿，也就不可持续”，这是转型运动的一个哲学。

“相比‘可持续性’（sustainability），我更喜欢用‘韧性’（resilience）来描述转型运动的核心”，榎本英刚说道。因为“可持续”听起来是持续一种现状，而“韧性”则更动态、更能应对万变。

07 一个大国和一小群人

目前，榎本英刚在上海生活，一边学习中文，一边传递正在做的事情。他看到现在的中国似乎经历着和 20 年前的日本类似的情况：经济泡沫破灭前，经济一片繁荣快速增长，人们获得前所未有的财富却并没有同等的快乐；“泡沫”破灭后，经济放缓，人们也开始慢下来反问自己人生的意义，开始从追求外在物质财富转向追求内在精神财富。

他很惊讶地发现，他的工作坊得到很多中国年轻人的积极回应，他们感同身受，深有共鸣。他更看到很多中国年轻人已经开始采取行动，转型运动正在萌芽。“内在转型已经在大城市发生了”，榎本英刚认为，“中国拥有着巨大的能量，如果中国改变轨道，这个世界就有希望了。”

可是中国那么大，行动的永远只会是一小部分人，如果投身转型运动的中国人有这个疑问，你想对他们说什么？

面对这个问题，榎本英刚停顿了 2 秒答道：“你有没有听说过玛格丽特·米德（Margaret Mead）[①]的一句话，‘永远不要怀疑一小群有思想并且坚定的公民能够改变这个世界。事实上，所有的改变都是这样发生的’。”

榎本英刚
“转型日本”及日本转型城镇藤野创始人
杨向若
美国弗吉尼亚大学教育学硕士

① 玛格丽特·米德（1901—1978 年）：美国人类学家，曾担任美国自然史博物馆馆长、美国人类学会主席，先后提出文化决定论、三喻文化理论和代沟理论，并被誉为“人类学之母”。

动手“打皂”转型香港

文/伍朗希 苏卓铭

“

轻铁缓缓而行，朝窗外望去，尽是有如倒模出来的住房，默然伫立在路轨两旁，一直延伸至地平线的尽头。商店被井然有序地收纳在商场之内，行人的活动都被规范到建筑物里面，使得街道宽阔，却少了一份生机。尽管笔者是土生土长的香港人，但每次来到天水围，面对千篇一律的景色，都没法辨认身处的位置，总得要看过站牌，才放心下车。天水围是一个自上而下高度规划的新市镇，位于香港新界西北。区内垄断情况严重，居民皆以“南长北展”[①]的苦况称之，意指镇南和镇北分别给长实和领展两个财团垄断 。它是香港收入最低的地区之一，却拥有全港物价最高的菜市场。商场几乎取缔地铺，小商贩缺乏生存空间，食品和日用品选择甚少。在如此困境下，民间团体与当地街坊合作，于2013年成立社区组织“天姿作围”，把地区偏远扭转为地理优势，通过在近郊租田共耕、加工出售农产品、发行社区货币等方式，建立一套可持续的社区经济系统，改善居民的生活质量。2017年，“天姿作围”携手“天水围社区发展网络”（以下简称“发展网络”）和“圣雅各福群会土作•时分”（以下简称“土作时分”）推动一个名为“转型香港”的计划，期望进一步开拓社区经济的领域。是什么原因驱使他们推动这个新计划？几年下来，如何在已有经验基础上进一步突破？本文试图探讨这一问题。

”

① 两个大财团简称“长实”和“领展”。长实与其他财团组成的公司坐拥天水围镇南的私人屋苑的管理权，并与政府达成了限制区内其他商铺发展及竞争的协议；领展则是政府将本是公营的公共屋村商场上市而成立的一所房产信托企业，负责管理天水围镇北公共屋村内的6个商场和街市，经常加租和提高管理费，令小商户难以负担。

转型香港：回应经济、社会及生态危机

“香港的‘免疫系统’真的很差！”发展网络成员阿靓说。自20世纪70年代以来，本地农田锐减，90年代起制造业逐渐式微，转以房地产、金融和服务业为经济支柱。因为产业转型，一些草根阶层如工匠和制衣工人难以依靠自身的技能和经验糊口，多数转投缺乏自主的劳动工作或销售行业，普遍工时长、收入低。生活方面，消费品高度依赖外地进口，加上地产霸权肆虐，衣食住行的选择被局限在越走高档化而漠视民生基本需要的商场内，百物腾贵。经济的单一化和消费主义的盛行加深了人与人之间的隔阂，天姿作围成员阿彭形容现时都市人的关系俨如“返完工就完”，意指大部分人面对严苛的工作条件，下班后疲惫不堪，鲜有工作外的交流，邻里间的沟通与支援网络薄弱。另外，近年环境污染及其所引发的健康问题迫在眉睫。凡此种种，皆让大家不得不对资本主义的发展模型提出诘问，探索在这时空下被定义为所谓“主流经济”以外的可能。

历史的契机出现在2015年10月，几位组织者拜访了英国的托特尼斯小镇，与当地人士交流并了解到转型城镇模式后深受启发，期盼能把有关概念引进香港。诚然，组织者各自所在的民间团体本已致力推动社区工作，但有感精力比较涣散，欠缺一个完整的视野；而且香港的发展蓝图素来受官方宰制，民间尚未有由下而上建立的一套有系统的愿景与之抗衡。于是，来自不同团体的伙伴联结起来，启动“转型香港”计划。一方面，土作时分和天姿作围推行社区货币的经验能够结合发展网络所强调的“被照顾者” 视角，共同推动社区建设；另一方面，3个组织都努力突破过往以地区为本的组织方式，改为联结香港其他社区，在扩阔社区网络的同时，不忘以基层为主要对象的根本。现阶段，转型香港主要推行两个实践，分别是“社区肥皂师”和“区区通”。

从生活出发：社区肥皂师

香港没有开采能源的历史，组织者深明，若仿照英国从能源议题切入，通过谈论石油峰值情况促使人们关注环境和生态问题，容易流于说教，使群众兴趣索然。对此，组织者选择了“从生活出

发”作为“转型香港”的核心元素切入，通过观察社区，了解街坊需要，因地制宜、有的放矢。

最初聚起来的是一群关心子女湿疹问题的妇女。阿靓一语道尽生态环境恶化的影响：“70 年代出生的人没几个有湿疹，现在我们造成的恶果已经在下一代浮现……”妇女们发现，无论使用何等昂贵的护理用品，都未能有效舒缓子女的皮肤痕痒，她们当中更有不少因家居清洁长期接触化学清洁剂而沦为“主妇手”的受害者，双手的抵抗力每况愈下，涂抹再多石油提炼的护肤品仍于事无补。一支索价数百块的药膏，成本大多落在运输、宣传、代言、租金上，而且长期依赖毕竟治标不治本。由此，激发了大家亲自动手做肥皂的想法——不但摆脱对化工产品的依赖，更可让亲人用上廉价且天然无污染的护肤品。由是，这群没有全职工作的妇女通过组织者的联结，活用社区既有资源，孕育了“社区肥皂师”的雏形。

有人有时间，配合生产素材就成事。制作肥皂的原材料非常简单，只需油、水和氢氧化钠，其中油可以通过回收获取。自从香港政府立例规管废置食用油处理方法后，发展网络即登记成为其中一家收集商。一些餐厅曾主动联络希望供应废食油，但因为食油量大、跨区运输车费昂贵等掣肘，发展网络不得不无奈拒绝餐厅好意。现在，只选择与一家会所合作，定期收集 15 公升废油。为免囤积大量易燃物品触犯条例，妇女们需要频密用油，加快肥皂制作，春节前借着广东人“年廿八，洗邋遢”的传统，鼓励街坊弃用化学清洁剂，转用天然肥皂，同时开拓更多区外的销售渠道。

“社区肥皂师”的能量来自它的社区性和有机性。基于材料来源和数量，肥皂多是批量生产，街坊聚在一起制作会有群策群力为社区的满足感。大家除了各自贡献家中物资成为造皂工具之外，更按照自身对社区的认识和观察，为肥皂灌注传统文化及生活智慧，成为一群有趣的“City 叔婆”①。例如，上水社区充斥废弃的运输和分销的包装纸，街坊于是就地取材，用来包装肥皂，轻易转废为宝；天水围街坊则在制作过程中灵机一动，加入家居厨余，以橙皮去油溢味，用马铃薯皮提升清洁效能，另外不时会在田间地头挖掘野生中草药，如小飞扬和鸡屎藤，增加止痒效果。从消费者到制造者的角色转化，反映出大家无限的创造力，远远超脱现今主流经济的范畴。

本来只是持续 3 个月的计划，但因为几次行动聚集了一群人，大家兴致盎然地继续下去。除了天水围，造皂行动扩展到其他多个社区，包括上水、湾仔、太子和荃湾。阿靓期望活动可以催生各区的肥皂师定期造皂，建立一个稳定的供应系统。“截至 2017 年 12 月，上水社区已经生产了 500 多块肥皂。农历新年前有望产出 2000 块。”现在，肥皂通过市集分发给地区居民，连同设计好的承诺书，鼓励领取肥皂的街坊和家庭从日常生活开始转型，争取做到在未来一年内不使用化学清洁剂。2000 块肥皂可能带动 2000 个家庭开始实践转型。阿靓笑言，大家正在建立的是如假包换的“真泡沫经济”，却不用担心泡沫会有爆破的一天。

除从个人层面让人体验到天然肥皂的好处以外，硬件上也必须发展出更多元的销售平台，把社区生产的好东西推而广之，方能成就一个可持续的另类经济系统。因此，一个能广泛接触不同区域居民的市集不可或缺，“转型香港”另一个主要实践——“区区通”正是在此背景下应运而生。

打通社区经济的网络：区区通

香港很多社区都拥有自己的另类经济系统，如圣雅各福群会早在 2000 年代已在湾仔区开展社区经济互助计划，期间创造了一种社区专属的“时分券”作为区内交换货品和服务的媒介。街坊通过劳动力、技能或物资换取“时分券”，再从当区的市集和“时分天地”②中，辅以现金换

① 取 Citysuper 的谐音，Citysuper 是香港一所大型中高价连锁超级市场。

② 社区经济互助计划之一，是区内居民使用时分交换二手物品和聚脚的地方。

取日用品，减轻经济负担。社区经济的概念慢慢培养了肥沃的土壤，此后同类型的计划如雨后春笋，在10多年内由不同组织在香港上水、天水围、太子、观塘、葵涌等地陆续推行。

2017年8月，为了促进不同地方的社区货币相互流通，各团体联合试行名为“区区通”的计划，发行一种“手掌”货币来统合各个社区货币，在6个社区市集流通。手掌的寓意是支援，当支援越多，社区积聚的力量就越大。手掌具体的算法是，1小时劳动获得的时分券可兑换成6个手掌。街坊拿着手掌，除可在区区通市集换取一般的粮油杂货和二手物之外，更可采购由不同社区生产的特色物品，如手工天然肥皂、有机农产品和酱料等。区区通重任之一就是提供一个销售平台，让某个社区生产的东西得以在不同社区流通，令街坊的劳动能服务他人之余，也为自己生活换来更多选择。

实际上，转型香港计划的3个成员组织也是区区通计划的参与团体，大家都期盼香港能有一个更宏观的另类经济模式。纵观约半年的试行计划，组织者认为区区通的成效不俗。时分券的流通性确如预期般有所提升，以往在单一社区举办的普通市集里面，每次时分的平均流通量维持在3000时分左右，区区通计划开展后，每次市集平均流通量跃升至1万时分。土作时分成员阿靖和天姿作围成员阿彭表示，就个人层面而言，区区通使时分更实用，让每个街坊更能通过计划善用资源，各尽所能、各取所需，令更多的资源重新投放在个人身上；从社区层面而言，区区通舒缓了时分流通的困难，使时分免于囤积，进一步激活社区经济的生命力，同时促进资源留在本地，使得“每花10元就有9元留在香港”。此外，物品的价格皆由街坊自行商议拟定，每位参与者均有发言权，过程中彰显了平等精神，未尝不是一场社区民主的“身教”。

然而，计划也面临一些技术上的困难。阿彭认为，试行期间各个社区以轮流的形式举办市集，街坊搬运东西前往不同地区摆卖确实奔波劳碌，建议日后可以针对地点限制来改善计划，如让街坊可以在原区使用手掌购买其他社区的物品，增加计划吸引力。阿靖则认为，现在市集摊位的兑换工作主要由组织内部成员负责，对人力需求颇高，更佳的做法是鼓励街坊自己承担起来。

谈及区区通下一阶段的计划，组织者酝酿着不同可能性，包括出版刊物推广社区货币，促进概念的传播与推广；寻找民间团体和学者整理数

据和梳理论述，让公众更多了解转型实践；邀请其他机构，如地区小店、社会企业、教育团体等，参与社区货币计划；采纳电子化的模式方便货币的交易和结算等。组织者深明每个团体步伐不尽相同，需要顾及各团体的时分收支平衡以维护大家的积极性，所以未来或许要通过更多的先导计划来调整策略。

组织手法的革新

传统扶贫的社会福利机构主要以贫困基层为服务对象，认为贫困基层是最缺乏资源的一群人。基于较低的收入，穷困人士不但物质短缺，更要面对随之而来的文化、社会和人力资本的匮乏。然而，转型香港尝试探讨的是综合经济、社会和生态三方面的问题，所以，改革不再局限于低收入人群，而是包括所有受单一全球化经济模式掠夺和剥削的群众，在定位上与传统扶贫有差别。

因此，转型香港期望更广泛地接触群众，对象不限于地域性社区，更涵盖功能性社区，欢迎了解或不了解相关理念的朋友，通过具体行动，深入了解和思考个人能够在生活上做出的改变，继而感染他人，将理念散播到自己的社群。有别于过往的组织手法，组织者不会抱持一套固有的理念和行动方法，只是以服务弱势群体的姿态工作，而是开放平台，鼓励民间自发走出来，发挥自我能动性与创造力，对应经济、社会和生态问题采取相应行动，建立一套可持续的生活模式。如“社区肥皂师”的实践，造就了异质网络①的形成：太子社区的参加者异质化程度很高，有文员、教师、社工等，还吸引了专业的造皂朋友参与。其中有一位社工参与者更表示，学会造皂后可以回到学校教学生，在自己的网络内传播开去。另外，坊间或会质疑这些行动会否跌入“中产才能关心环保或生态问题”的流弊，转型香港以行动证明，正因为建立了一套另类的经济系统，重建和扩大生产平台，调配和善用社区的人力和物资，补足主流经济的缺陷，才能让基层朋友共同进入这套范式的改变，成为运动中的核心力量，突破中产的局限。

组织者坦言，香港与西方社会存在文化差异，这使得在香港推行转型概念时必须多下苦功。他们观察到，西方社会只要有几个人对某一个项目感兴趣，就会自发聚起来实践，并乐于对外分享。相反，可能是华人性格偏内敛低调的原因，总觉得自己的想法或行动不值一提，所以较少与他人分享，更不用说自发组织起来尝试实践。因此，组织者将自己比作助燃者，推行转型概念的初期要在各区点燃火种，与街坊合力做出一些具体行动，提供典范和根据，以期日后渐渐退居幕后，让火种得以在不同地区、以不同形态继续“自燃”下去。

哪怕天水围乃至香港其他社区被高度规划，不少组织者依然站稳阵脚，抱持一股快乐的因子，扎根民间推动日常的生活改变，为刻板的社区注入生机。通过鼓励多元参与、平等商议、资讯开放和知识累积，让民主在日常得以践行。如阿彭所言，大家期望的不只是此刻耕种土地，而是长远滋养土地；不只关心眼前的树有没有收成，而是相信 10 年后的树会对社区有更多回馈。可以相信，转型的可贵不仅在于点燃更多项目，更在于通过转型，鼓动起各个界别的人士，共同塑造一种有益的社群关系，让关系成为泥土的养分，使运动得以薪火相传。

伍朗希
香港中文大学学生合作社“山城角乐”创始人
苏卓铭
香港中文大学学生合作社“山城角乐”创始成员

① 指该社会网络中有来自不同背景的成员，因此可获取的资讯和资源会较多样化。

转型运动的心魂

文/索菲·班克斯

2006年，在伦敦生活了大半辈子的我，搬到了英格兰德文郡的美丽乡郊。因缘际会，我以志愿者的身份参加了托特尼斯转型城镇项目，该项目后来拉开了全球转型运动的序幕。这个重新想象和塑造本地生活方式的运动刚启动几个月，就吸引了远在加拿大、美国，意大利、爱尔兰，乃至日本和巴西的伙伴的浓厚兴趣，大家纷纷用我们发明的模式进行本地实践。这一切都让我倍感惊讶。在托特尼斯转型城镇项目成立1年后，我和伙伴协作了关于转型模式的第一次培训。又一年之后，我们将之推荐至世界其他国家。作为转型运动初创时期的主力军，我感觉自己就像站在风口浪尖上，既兴奋不已又感觉精力不济，因为成百上千的项目在积极探索，大家都渴望与我们联结、向我们讨教，并分享各自的故事。

在伦敦的时候，我是一名精神科医生，服务有精神疾病或创伤的人群。多年社区足球的经验让我有机会洞察，在自组织里大家如何共事共处，以及可能出现的问题。人类对气候变化和生态系统破坏的迟缓反应也引起我的注意，进而让我追问，这一切是如何与其他非故意而为之却同样具有破坏性的模式相关联的，此类模式在我所从事的心理学领域相当常见，无论是个人还是小组。搬到德文郡之后，我加入了当地一个专注于探讨人与人、人与自然之平行关系的“生态心理学”小组。

依然记得第一次听罗布·霍普金斯分享转型理念时的感受，好像蓦然唤醒了内心深处沉睡多年的某些东西。从一个积极、富有创意而让人真切向往的愿景出发，让大家有机会相聚在一起，并激励更多的人参与进来，让真正的改变可以在本地发生，并启发其他社区去做相关的本地探索。在转型城镇项目的启动仪式上，有超过400人前来咨询并参与。那一刻我由衷地感恩，庆幸当时相信自己的直觉，给未知保留了充分的空间，让那些自己做梦都不敢想的事情得以降临和发生。

我与“生态心理学”小组的一位成员共同提议，在转型项目里设立一个专注于社区转化内在层面探索的小组。这个想法得到支持后，我们在市政厅组织了一次聚会，作为“心灵小

组”的启动仪式。当时我们无法预计会有多少人来参加，可能寥寥无几，也可能济济一堂。最后实际来了 50 人，一位伙伴为此做了一个关于“生态心理学”的演讲。后来我们也与参与者一起探讨，一个关注社区转化内在层面的小组应该包含什么内容。我们还邀请大家去想象，跟来自美好未来的人类去分享我们现处的时代，并描述在这个千变万化的历史阶段活着的感受。我依稀记得，大家坐下来开始谈话的时候，有那么一种触电的感觉，仿佛通过讲述想象的可能性，我们就已经在铺垫通往美好未来的道路。

置身于转型运动核心 10 多年，我曾与来自不同国家和文化背景的各种转型实验小组共事。从中会发现，有些人很专注于转型的外在部分，包括为了获取可持续能源、房屋和食物系统，以及恢复生态系统、防止气候恶化等而采取具体行动。在我看来，从中映照出了西方的主流文化——注重经济发展、就业和生产力，忽视身心健康和人际关系。有时被一群关心食物系统、可再生能源或低碳建筑的人包围，我发现自己也很难去惦记内在转化的重要性。难道把所有的科技问题都解决了，一切就会变好吗？

之后回到心灵小组，我有机会听到大家分享一些看不见的东西：大家对于污染，对于原始森林或童年乐园被破坏的切身感受；对于气候异常的恐惧；对于近些年日益严重的贫富差距的愤怒。有的人还会分享，自己倍感孤独，好像是家里或者公司唯一关心这些问题的人，看着身边大多数的人还在无止境地消费、旅行和享乐，感觉自己近乎疯狂。我会发现，这些人因为有机会向他人诉说，建立起某种联结感和归属感，从而会获得很大程度的释怀和解脱。

有时我们会特别创造空间让大家去感受和表达，共同缅怀我们的悲痛，类似的空间在现代文化里日渐稀缺。我能分明感觉到，如果我们创造出一个时空让这一切能够安然发生，有利于将大家聚集在一起，建立一种深度的信任和联结。乔安娜·梅倩[①]的“重新联结的行动”（works that reconnects）以及新作《积极的希望》（active hope）当中提供了很多有益的信息，帮助我们勇敢面对当下的混乱而不至于陷入癫狂。

① 乔安娜·梅倩（Joanna Macy）：1929 年出生于美国，环保行动者，佛学、通用系统理论、深度生态学学者。

聚会时，我们会特别注重一起庆祝收获与进步，认可彼此的贡献，并肯定每个人为小组增添的缤纷色彩。有时候我们往往很容易陷入接踵而至的行动或任务而倍感压力，因而忽略了每个人的付出。

我们也会建立支持互助体系，例如，家园小组——让邻里可以相聚在一起，倾诉内在的感受，或者分享一些节约能源、减省开支的技巧；也会为肩负重任的一线行动者提供免费的指导和协助。

心灵小组还会组织季节性的庆祝，感恩大自然的美丽和富足，让我们因之而存在。也会与大家分享关于内在转化的教育，并将之与组建小组的过程结合起来，一起展望和创造新的方式，同时也尊重和肯定旧的路径，将二者融会贯通至各种有趣的日常活动，包括一起种植和加工食物、手作劳动，以及分享实用性的知识和技能。

随着时间的流逝，我会发现许多原本对内在转型毫无兴趣的人也开始觉知，一味专注于操作层面容易让人陷入困境。很多个人和团体在开始时饱含能量和热情，但几年后就感觉疲惫不堪。很多参加我的培训的伙伴分享说，筋疲力尽是很多自然保育工作者的通病。据我所知，在许多环境保护组织中，人们往往会因为热情和执着而不计后果地付出，最后心力交瘁，有些人甚至因此而病倒，或者因为免疫系统受损而长期处于某种衰竭状态。这似乎成了一个悖论，一个以可持续性为核心目标的运动，却创造出一种对许多个体而言都不可持续的文化，大家正在通过透支自己的方式来阻止地球资源被透支。

这不禁让我反思，在我们的文化当中，行动与休憩、外在与内在、任务与关系等的各种矛盾与失衡。有时候会惊异地发现，在群体中，包括我参与其中的小组，冲突的主要来源之一是那些专注于“做”的人和那些关心“存在”的人之间的张力。

我注意到，在许多转型小组中，大量的时间和精力都花在事情上，包括活动、项目、社区行动等，却很少关心大家的身心状态。无形中就造成了某种韧性缺失——大家可能已经接近崩溃但却毫不觉察，加上文化又总是强调坚不可摧才是好的，而坦承自己在挣扎则不会被接受。因为恐惧失败和无能为力，加上全球生态形势严峻所造成的迫在眉睫的压力，都在持续强化“我们不能停下来”的感受以及不断付出的意愿。如此的付出，精神可嘉，却以伤害自己为代价。

2007 年 3 月，心灵小组为托特尼斯转型项目第二次核心小组会议设计了“个人可持续性检查”，这是我们早期对该项目的贡献之一。当时，我们带领不同主题小组的 7 位成员，轮流回答了两个问题：第一，作为志愿者，我们在项目中的付出和收获是什么？第二，保持当前状态，我们还可以继续多久？

我们发现，没有人认为自己可以维持现有的投入程度超过 6 个月甚至 1 年。在这么热情高涨的时刻，这可是给大家泼了一盆冷水。由此我们意识到，必须马上做出一些调整，否则项目很快就做不下去，只剩下一些疲惫不堪的人员。对此我们决定，要不寻求资金雇用一名工作人员，不然就缩减规模。后来我们幸运地找到资助，雇用一名兼职项目人员，让项目得以乘势继续往前推进。

之前我曾听说有一个团队，在社区行动 2 年后筋疲力尽，随后，花了 1 年的时间纯粹用于深入认识彼此。我由衷地为他们如此明智的决定而高兴。那年年底再见时，他们又神采飞扬了。

一位转型老师曾分享两项非常有用的研究成果，这成了我最喜欢的统计数字：

统计 1　日常工作中，为了让团队保持愉悦，正面的言辞与负面的言辞比例需要在 5 ∶ 1 以上，换言之，每 1 个批评或抱怨需要 5 个支持或称赞来抵消。据我所知，人际关系中也有相关的研究，比例相近，对于真正幸福的夫妻而言，二者比例高达 20 ∶ 1。

统计 2　投入 25% 以上的时间钻研合作方式的团队工作效率最高，主要包括文化、沟通、互相认识、建立信任、澄清目标、角色和决策程序等。在这些方面投入时间少于 25% 的团队，开始时好像事半功倍，但长远而言往往会因为明晰不足和信任缺失而付出更大代价。

我欣喜地看到，10 多年前不被关注的身心交瘁问题，如今引起了很多英国行动者的关注，大家不仅关心外在行动，也会注重照顾好自己和彼此，建立滋养和支持性的团队文化。在我们自身的转型运动中创造健康文化成了大家的重要焦点。

深感荣幸自己有机会与来自不同国家和地区的人们对话转型，特别是关于内在转型。它拓宽了我对当下各种挑战的认知，也因此清楚我们正在制造的问题，不仅存在于外部空间，也存在于内在世界。我还没去过中国内地，但有幸曾被邀请到香港与一群关注转型的伙伴共事，他们当中有的关注影响子孙后代的自然保育，有的关注社区生活的重建，以让更多的人过上有意义的生活并拥有更强的归属感和联结感。

在香港我曾遇到一些人，倾尽心血去追问社区的本质与内涵——工作压力巨大但还依然探索相处的学问，并尝试开展与食物、住房、抚养孩子相关的经营。他们对群体生活的三个维度，包括结构、关系和拼搏，都有透彻的洞察，给我留下了深刻印象。

上次访港期间，我与来自世界各地正在经历不同工业化阶段的人们展开了一次共同的探索。在我看来，起源于西方的工业文化可以创造很多的美好，但也能给自然界和人类及其社区带来极大的伤害。在西方，我们已经走到工业化尽头，许多人已经意识到，在能源和资源使用、二氧化碳排放，以及赖以生存的生命网等方面，我们都在挑战地球的极限。中国正在快速地推进工业化，英国花了几百年而中国仅用了几十年。

虽然低碳未来是唯一的出路，但要让人们充分意识到这一点并不容易。那些掌握着财富和权力的人早已习惯于高消费的生活方式并视之为一种身份和需要，而不觉得奢侈。在英国，我们经历过多年的“经济紧缩”，这一制度要求大部分人节俭生活，但富人却因此而更富有，生活更奢侈。这是降低能源使用的一种方法，却也造成非常不公平的后果，最终制造出巨大的痛苦和不安，因为我们是对不公平极度敏感的生物。转型鼓励我们去展望的另一条道路，是去想象一个所有人都能各取所需的世界，习惯了奢侈生活的人也会大大降低其消耗。这会给不同的国家带来不同的影响，取决于其消费水平和科技程度，对富人的影响也更大。

我一直认为，转型与我们这些生活在高度工业化国家的人最相关，尤其是当中的富裕阶层。转型的最初原型是关于降低能源使用的方法——消耗最多的人学习如何减少耗能。但如果我们想要创造一个可持续发展、和平、包容的未来，让所有人都感受到富足、价值、能量、安全和联结，就需要我们一起去想象未来可能的样子，并为之实现而付出努力。工业化只让一小撮人获益，却伤害了很多人，并影响了每一个人乃至地球上的所有生命。在这个跌宕的年代，我们如同一个物种集体去应对工业化的后果，其中最有效的是去发挥我们的想象力。

当下，故事、电影和媒体正大肆渲染一个充满技术战争、灾难和绝望的未来。与此相对，有一种更友爱且造福众生的行动，那就是去想象，我们倾尽所能最终扭转乾坤，50 年或 100 年之后，人与自然和谐相处，地球生态获得呵护和修复，反过来又滋养人类生活。如此一来，我们的社区、国家、世界会是什么样子呢？在自己生活的地方，走在街上会是什么样子？食物的味道、空气的气息、伴随清晨醒来和晚上入睡的声音是什么？你和其他人是怎样度过每一天的？老人和孩子们在哪里？他们正在教和学什么？

我同意许多人的观点，这是一个过去任何时候都无法比拟的时代，一切都更加脆弱，也更大程度依赖于我们个人和集体的行动。这是现实，却也创造了前所未有的可能性——既有巨大的伤害，也有伟大的疗愈。我坚信，我们有能力构建出深度信任、坚持不懈的团队，致力于为众生福祉而共同努力，这是创造一个我们真正向往的未来的关键所在。

索菲 · 班克斯 Sophy Banks
英国托特尼斯转型项目“内在转化小组”发起人
翻译：梁 迎 梁笑媚

对社区的追求

文/梁迎

在舒马赫学院[1]读书期间，我经常往托特尼斯跑，还特意加入了当地的赛艇队，因为这样我就有无限的理由骑车飞奔，穿越在乡间小路，来到托特尼斯。托特尼斯曾被英媒[2]形容为 eccentric，“超越了奇怪的古怪”。我第一次听说它也是因为转型城镇运动，刚到英国的第一天就沙发客[3]在那里。但刚开始，自己就像是猎奇的游客，到处嗅嗅转型的味道，也会觉得它与其他英国小镇无异，充其量多了些街心菜园与带有本地货币标贴的商铺。相传德国一个生态村的村民组团参访托特尼斯，一看到这里满是汽车在穿梭，就失望地离开了。这多多少少可以代表那些带着对低碳社区心理预期来到这里的人们，初到时的心理感受。

随着在舒马赫学习的深入，开始接触点燃转型城镇的灵魂人物，慢慢与活跃在托特尼斯转型的街坊熟悉起来，自己对转型有了更加丰满的体悟，领悟到转型运动携带着在现阶段美好和希望的火种，而这大大超越了一个个看得见、摸得着的转型项目所能传达的使命。由于受到转型运动的感化，我前所未有地产生了对社区的认同和追求。

2016 年秋，在外游历 4 年后，我回到了广州。社区的归属感和互动成为了我追求的生活品质，深感社区就如以前的部落，我们可以在外工作，却总会回到那个家，那个有左邻右舍的家。无论我们在外多么拼搏，获得多少荣耀，如果没有一个生活的道场，没有对一个地方和这里的人发自内心的扎根感，没有一个地方可以让我们不求回报地付出，体验货币系统之外的礼物经济，人活着总会感觉少了点什么。为什么托特尼斯的房价比同地区其他小镇要高很多？因为社区和环境的吸引力。所以，不要忽视转型运动与主流经济间潜在的联系，更不要忽视我们每个人内心深处对社区感的内在渴望。

当很多在尝试改变世界的人都早出晚归，我相信世界的改变可以是一个个社区的转化。像舒马赫学

① 舒马赫学院：成立于 1991 年，位于英国西南部著名转型小镇托特尼斯镇旁，隶属于达丁顿庄园信托永续教育工作的重要实验基地，是世界上第一个实行社区互助生活的学院，也是世界上著名的可持续生态经济学院。

② 详见：https://www.telegraph.co.uk/travel/destinations/europe/united-kingdom/articles/totnes-what-to-see-and-do/.

③ 沙发客（Couchsurfing）：创立于 2003 年的一个自助分享网络平台，旅行者可以借宿在陌生人家的沙发。

院创始人萨提斯·库玛（Satish Kumar）说过的：去建设一个美好的家园，那个你所处的环境。现在很多团队都是用主题和价值观聚拢人，缺少代际的差异，慢慢建造“自我”金字塔，慢慢与“非我”脱节，而真正的试验场是你生活的场所、是社会、是五花八门的人，这里没有选择与被选择的抱团。

尚在努力扎根于自己所在的社区土壤，无法猛踩油门推动转型，为此而辗转时，我有幸接到了《比邻泥土香》的邀请，参与编辑这期的“转型城镇”栏目。这给了我一个很好的喘息，也给了我一个机会加速思考，没想到这集中式的思考大大促进了我的社区行动。回观这些涌现出转型小组的地方，往往是生态意识已经被唤醒许久，还颇有艺术创造力。像日本藤野是日本朴门永续运动的发源地，艺术家扎堆；托特尼斯曾经是享誉世界的达廷顿艺术学院所在地，20 世纪 60 年代创校，到 21 世纪初搬离，40 多年来，一批又一批的艺术学生带给这个地方大量的个性和绿色启蒙。回到香港，2000 年前后就有了“社区经济”的概念和推动社区经济的项目，对发展范式的理性批判也一直伴随着香港的崛起。转型城镇这个有机体是不能一蹴而就的，它需要孕育各种微生物的土壤。转型运动就像是常年的冬眠火山，在厚积之后再薄发，而我们看到的往往只是风风火火的运动本身。而在我自己还没有全然扎根于社区之时，又何谈着急铺天盖地呢。

这期栏目还给了我一个很好的机会，与有缘人思考转型运动丰富多彩的现象背后的机理、得以蔓延和持续的原动力和社会需求，如何可以东渐，东渐过程中如何调整时差、海拔、文化等所有为多样性之美做出伟大贡献的因子。而这个思考过程也成为了本栏目的思路之河。编辑团队希望能呈现转型项目，如本地货币、社区能源公司等以社区为根据地的行动背后的大环

境和大背景，并进一步思考：这个源于英国，与西方文化密切相关的运动是否能影响东方社会。在向若对榎本英刚的采访中，以榎本英刚的人生轨迹为主线，从他举家搬到芬霍恩生态村，到他毅然决定回国开启转型运动；从他在日本“3·11”大地震经受的巨大考验而更加注重内在转型，到他决定淡出藤野转型运动而来到中国学中文，开办关于“生命意义”工作坊，可以说，改变是个人的也是社会的。2016 年 5 月，我有幸来到藤野参加东亚地球市民村会议，一位活跃于转型运动的朋友“收留”了我几天。我们去了一个居民家买自然发酵面包。这个开在自家厨房的面包店一周只营业两天，其他时间面包都在自然发酵。30% 的货款是用藤野“万屋币”支付的。我看了朋友的万屋币存折，里面好多存款，我就问她怎么挣这么多，她笑着说，有更多的交换代表着更多的交情、更深的交心。

接下来我们从日本藤野转型转至转型香港的诞生。我于 2015 年在英国举行的转型大会上认识了几位香港朋友，很高兴的是，他们几个机构目前正联手推动转型在香港的落地。在延续香港社区发展探索的基础上，受到转型运动启发，他们也在不断转变组织手法，更多赋权于居民，提升自主性，培养内在驱动力。很多转型项目都是由几个个体打造的社区活动，而转型香港则是在机构层面引进的转型思路，这更加印证了转型可以无处不在，没有条条框框的限制。

最后索菲的点睛之文点出了转型超越其他社会运动之处，从中可以窥见，在物质丰足的当代社会人类所渴望的进化方向和人类成长所遇到的瓶颈。归根到底，解铃还需系铃人。这是一个我们要回归到人与人相关联的时代。

一旦一个社区全然承载了转型，创始人或者曾经的中间人物可以退居幕后，这是所有运动得以生生不息的关键之一。如榎本英刚和索菲，即使他们现在已经退出了转型运动的核心圈，藤野转型项目依然很活跃，而托特尼斯就更不用说了。而这些人物，可以很坦然地接受生命的呼唤，去追寻其他感召，想必这也是他们为之付出了很多的转型运动回馈给他们的人生礼物。因为这些灵魂人物，扎根了已经蓄势待发的土壤，有了这样的天时、地利、人和，才有了转型运动。

回国 1 年多，我经常被问及“中国有没有转型城镇”，我也问过一些我认为在做转型项目的人“你们为什么不用转型概念来包装你们的项目”，颇有种恨铁不成钢的感觉。而这些，终究是一个过程。转型城镇只是一个温柔的点拨，展示了我们在与自己、与周遭、与自然的联结中所能呈现的一种可能。

感谢所有见证和滋润“转型城镇”栏目生长的作者、叙述者、协作者、编辑团队，还有在藤野、香港和托特尼斯每一位激发出转型的邻里。有时候我几乎会忘记当初 Rob 为应对石油峰值和气候变化而创立转型城镇的初衷，因为转型于我有了独特的意义，让我有了对社区感的需求，也就有了共同营造的行动，也就生发出了充盈的给予。

梁迎
英国舒马赫学院转型经济硕士

行动者 | **多元意义的教育**

联结家庭的社区互助教育

文/黄励

从自身需要出发

2015 年到贵阳出差，通过一个自然教育机构了解到理查德・洛夫[①] 创办的“家庭自然俱乐部”网络，当时已经做了妈妈的我由此萌生了创建一个家庭自然俱乐部的想法。在把孩子带来这个世界前，我就有个愿望，希望他能和很多小伙伴一起在自然中成长，这也正是我童年最美好的回忆。市场上虽然不乏各种自然教育营期活动，但是都太昂贵了，只能偶尔参加，难以成为日常。看来，高质量且承受得起的个性化教育只能通过劳动和合作来获得。

但是一想到要在社区里寻找不认识的人，做一件大家都没做过的事，一股畏难情绪随即涌上心头。我自觉不是可以在人群中谈笑风生的人，面对陌生人常有胆怯之感和偷懒的念头。而且，我觉察到自己对这件事是赋予了一些理念的，这在社区行得通吗？再说我也没做过什么社区调研，以前有这个模糊想法的时候，只和先生的两个同学交流过，真的搞起来，谁知道有没有人来参加呢？不过转念一想，即便真的没有人来参加，我也需要和孩子在自然中玩啊。

有一天，到山里参加简朴生活营，站在竹林下，看着不远处的山，又在心里翻腾这件事，突然感到有一种力量促使我必须行动起来。

低技术的日常社区自然教育

下定决心之后，我创办了一个微信公众号“叠家”，写了第一篇文章《小洲家庭自然俱乐部召集》，希望寻找一些亲子家庭，每个周末一起到家门口的生物岛江边自然路径漫步，探索日常的自然教育，活动免费。文章写好后厚着脸皮扔到微信朋友圈。

第一个周末的傍晚，一共来了 4 个家庭，孩子都是一两岁，一见面就马上玩到了一起，在草地上开心地爬走，挥动小手哇呀呀地叫。孩子的笑声融化了大人的

① 理查德・洛夫（Richard Louv）：美国儿童与自然网络发起人，鼓励人们参与创办“家庭自然俱乐部”，以家庭为单位开展户外自然活动，著有《林间最后的小孩：拯救自然缺失症儿童》。

陌生感和尴尬感，我们也开始享受落日余晖，分享孩子带来的快乐。

随后，第一次参与的几个家庭联合建立了“叠家·小洲家庭自然俱乐部”微信群，并陆续邀请朋友进来。之后，我们每周都在微信群里召集活动，目的只是让孩子们自由玩耍，门槛和成本都很低。当时，我并不知道来参加活动的家庭是否认同“家庭自然俱乐部”的理念，自己也需要更多的学习，因而后来发起活动时，我们都会一起观察孩子们在大自然中如何玩耍和相处，对比他们在家中的表现；或者在自然活动中设计一些相关的公益行动，如清理自然路径的垃圾，并借机分享台湾荒野保护协会将自然体验和自然保育结合起来的经验，以及有关儿童秩序敏感期和审美敏感期的一些讨论。

这个过程中我也组织过一次算不上成功的学习。为了和家长们进一步讨论“自然育儿”，叠家申请了一次“正面管教”公益分享的机会，但是报名参加的家庭比预想少很多，从中也看出家长们对工作坊、分享会并不是很热衷，很多妈妈都是独自带娃，因为孩子小所以很难全情投入。

为了呈现社区自然教育的各种可能性，叠家公众号分享了一些与孩子共享自然的故事，包括与孩子在家一起制作食物、在社区种菜、在森林或农场阅读绘本等。微信群则逐渐成为一个大家分享自然教育、另类教育、各种育儿经验的空间，偶有讨论碰撞。

有了责任和承担，我和孩子到自然中去的时间多了很多。有时候会想，即使只有我和孩子两个人，只要坚持下去并且乐在其中，下次可能又有家庭加入。其他爸爸妈妈也慢慢体会到，一起溜娃对大人也是一种解放。小孩们自己玩，爸妈们在旁边聊天，一群陌生的爸爸妈妈就这样逐渐熟悉起来。

一起创造育儿空间

这样一起玩了差不多半年。一天，有位妈妈说，她越来越认同孩子们一起在自然中学习这种方式，想邀请我和另一个活跃家庭一起创办一个共同育儿的空间。这个从叠家孵化出来的育儿空间后来取名为“咕咕园”，由 3 个创办家庭共同投入装修资金，并由 3 位爸爸亲手打造，好几个参加叠家活动的家庭也给予捐赠和帮忙。

关于运营，因为大家暂时都是业余投入，所以我们明确这个空间提供的就是一个平台，没有专职老师，家长根据各自的兴趣特长轮流带一些课程活动，一起探索自然的、艺术的、生活化的教育。大家对于家庭合作教育没有什么信心，不知道从何入手。我想起伙伴甘宁在长洲岛创办的豆丁园，或许可以带来一些启发，于是我们 3 个家庭相约去豆丁园，希望通过度过一个完整的体验日感受什么是家长合作。后来，甘宁专门来咕咕园给更多家长示范绘本活动，并分享豆丁园的课程体系和运作机制，包括每天安排自然徒步和菜地劳动，结合节气和本地生活习俗开展食育课堂，每周组织家长读书会，运作上财务公开、成本共摊，每个家庭自愿加入不同的工作小组参与决策。看到真的有人将家庭合作教育实践出来，大家都很受鼓舞。

看到自身的力量

咕咕园正式运作后每周排课 5 次，由家长或者老人带孩子一起参加。在共同理念的激励和责任的“逼迫”下，几个创办家庭的成员大展身手，爸爸妈妈的职业积累或兴趣爱好都转化成了课程，让我们开始有了英文课、手工课，户外自然活动也比过去丰富了，可以结合游戏、唱诵等进行。一位有多年绘本馆工作经验的老师也

志愿参与进来，她丰富的教学经验和对孩子的深情让我们受益甚多。

社区工作搞来搞去，吃喝玩乐、聊天八卦总是关键，聊天中可以发现家长的很多“特长”。一位以前从事服装设计的妈妈刚开始不觉得自己可以“带课”，因为印象中课程都是很高大上的，后来却“发现”原来自己也可以带领布艺手工课，教妈妈们缝制围巾、帽子，之后还因为带食育课而成立了专门的手工烘焙坊。我们不禁感叹，咕咕园让独自带孩子的妈妈没那么孤单，并且看到了自己生活经验的价值。

一切都在缓缓地激发着大家的热情。我们通过自身的行动呈现，父母在家里是怎么和孩子玩的，或者擅长做什么，所有这些都可以在平台分享，不需要有多“专业”。我们需要做的只是回归生活日常，信任情感和直觉，看到自身的力量，共同学习成长。富有人情味的社区互助教育，可以与学校、早教中心或兴趣班等教育形式共存互补。当然，对家长来说，最有说服力的还是孩子们在这个过程中的成长，他们每天都会念叨小伙伴的名字，嚷着要去咕咕园。

另外，我们发行了社区货币“咕咕币”，带课的家长可以获得一定的咕咕币，相应地扣减部分会员费。由于成本问题以及运营上的挑战，这个空间后来改成了民宿，咕咕园则转变为家长共治联盟，不再有创办家庭和成员家庭之分，也不再收取费用，重要事项大家投票决定。咕咕币开始发挥更大作用。带领课程、承担公共服务可以根据投入时间获得咕咕币，而上课则需要支付咕咕币给带课的家长。咕咕币成为一个鼓励大家投入的重要工具。有了更多家长的参与，我们的上课地点和内容也更加丰富多样，包括在祠堂做绘本活动、在果林做自然音乐会、在不同的家庭上食育课……在此基础上，还有妈妈提出家长可以加入不同的课程小组，每段时间围绕一个主题来上课。家长们从生活出发，自发地用自己的创意回应着有关教育的思考。

近身肉搏的情真

大人小孩在一起，甜蜜的时刻很多，但令人内心崩溃的时候也非常多！

首先面对的挑战是“你家娃打了我家娃怎么办”。在如何看待孩子“被打”或者“打人”背后，其实是关于“人是怎么发展的”“教育是什么”的不同价值观。我们为此讨论制定过冲突预防和处理规则，但并不总是奏效。有位妈妈长期带领家长读书会，促进大家共同理解孩子的心理和成长阶段，分享不同家庭的育儿经验。在一次读书会上，一位家长感慨道：重点还是能够像爱自己的孩子那样爱他人的孩子啊！另外，很多家长也发现，户外自然活动比起室内活动更能大大减少孩子间的冲突，大自然的开阔富足让孩子们更加慷慨大方，而且家长之间的感情越好，孩子之间也会玩得越好。所以，我们鼓励大家更多地串门、聚餐，互相托管孩子。对于一个社区家长组织来说，情感联结是无比重要的，妈妈们尤其需要相互倾诉和支持。

尽管如此，因孩子冲突而起的家长矛盾依然难免，有一次还在微信群中爆发了争执。我尝试用非暴力沟通的方式，鼓励大家讲出自己的感受，但是线上沟通的效果并不好。很多时候大家讲的只是自己的“观点”，或者是自己认为的孩子的感受，这相当于还是一种“意见”，当缺乏关系联结的时候，光是观点和意见的碰撞很难解决问题。尝试“同理”的时候，我感觉每个人背后都有很多待处理的情绪和生命议题。大家在教育价值观上还没有达成共识，也没有去供奉一个已经仙逝的权威祖师爷，所以我们和孩子们一样都是“近身肉搏”，情真意浓。因为存在这些深层次的冲突，我们特别组织家长们一起参加由几个公益机构合作举办的“回到内在家长工作坊”，从不同角度出发探索教育的内涵。大家讨论后发现，最终还是要聚焦到家长的“自我成长”上，但怎么做到，以及“自我成长”与社会议题、社区公共性有什么关系，有待更漫长的探索和实践。

另一个千古难题就是参与性。不同家庭对咕咕园的期待和投入程度并不一样，有的家庭把咕咕园当作幼儿园的替代，有的家庭则当作上幼儿园的准备或者补充。作为一个完全自愿的组织，如果大家投入和参与的程度相差太大会造成不平衡。为了保证每个家庭有最低限度的投入，我们商议决定每个月要扣除公共服务基金咕咕币，上课次数和服务次数不足还要再扣减咕咕币，咕咕币扣减到一定额度就要暂时退出咕咕园，而且不接受现金兑换。我们强调，如果想为教育注入活力，创造自己想要的某些价值，就得亲自动手，并用自己的劳动换取其他人的劳动。

关于参与性，千古难题中还有个万古难题——爸爸的参与。咕咕园的理念是家庭合作，完整的家庭包含爸爸和妈妈，但现实中几乎还是妈妈们在参与。家长会议中曾讨论过“怎么提高爸爸参与度”，大家提出的方案包括“爸爸集体带娃外出”“ 更多适合爸爸带领的课程活动”“家庭气氛的互相感染”等。我们体会到，爸爸们工作辛苦，生活压力大，以及社会对妈妈的传统性别定位，都影响着爸爸在育儿上的投入。为此，咕咕园曾邀请台湾盐寮净土创办人区纪复老师来分享简朴生活，还邀请一位超级奶爸分享如何在家庭中通过更多地参与育儿去实践性别平等。最近还有位妈妈提案把“爸爸参与咕咕园活动次数”与投票权限联系起来。除此以外，咕咕园里有半职甚至全职爸爸，有时候爸爸们也会带领一些很“带劲”的活动，这种氛围也有助于鼓励其他爸爸的参与。

浸入关系之中

当一群人走在一起，就会与社区产生关系。通过摆市集、摆绘本书摊，我们经常接触到其他背景的家长。另外，社区里有家庭综合服务中心，还有一个社区公益组织“小行星儿童友好实验室”，面对外来打工父母和儿童开展活动，让我们有机会互相蹭课程活动，分享资源。最近我们觉得混龄教育非常好，希望可以招募一些大一点的孩子，于是讨论一起支持小行星的大孩子成为故事种子，给咕咕园的小朋友上课，也欢迎他们来参加咕咕园的自然游学活动。不同背景的孩子们相互融合，不同背景的家长们相互连接，将会令生命更加茁壮有力。

咕咕园很多家长是学艺术出身，所以我们经常组织去美术馆、艺术空间游学。而我自己因为工作关系跟一些探索可持续生活的伙伴比较熟悉，所以会在自然游学课程中和家长们一起参加伙伴组织的市集换物活动、探访生态农友活动、无痕山林活动、农场田间学校等，认识“做着各种奇奇怪怪事情”的人。我们也会在生活市集、食育课、农耕课上，分享自制美食、生态良食，做手工皂、做堆肥等，感受教育与健康大地、日常生活息息相关的联系。

长久来看，虽然咕咕园的某些家庭将来可能会离开这个社区，但每个人都可以在自己生活的社区创办新的“咕咕园”，也可以一起在公园或农场成立周末自然学校。我们还讨论到，现在是家长合作，再过几年，说不定可以支持孩子们形成各种自主的学习小组，让孩子们成为真正的学习主体，结伴探索这个复杂的大千世界。

社区自组织有自己的生命力，在各种拉扯和共同努力中起起落落。作为一个身在其中的家长，有时候我会纠结自己是否太“用力”。不过，平等参与和共同决策的机制对我而言是一个很大的鼓舞，我可

以坦然地提出自己的需要，尝试做一些事情，正如其他家长也在这个平台发挥各种手艺特长、实践各种育儿思想一样。我不想拿社会工作领域中常说的“我们退出后他们能否独立运作”来评估成败。对于这场发生在家庭和社区中的生活实验，我和社区中的家庭一起构成了“我们”，并不存在“他们”。我们都在现场，如同我们的孩子生活在家庭和社区中一样，我们都浸入到了这些由内及外、环环相扣的关系之中。

黄励
咕咕园联合发起人

同在三年——打工子弟教育经验摸索

文 / 刘亚军

“

大学毕业后曾在家乡贵州当过 3 年公办中学的美术教师，因为不认同应试教育对艺术的忽视，我毅然辞掉公职，跟朋友合伙创办艺术培训学校。在这个过程中，我接触到很多家庭贫困却很有艺术天赋的学生，激发我立愿创办一个更具公益性的艺术工作室，让贫困学生也有机会接受艺术教育。2014 年，我从艺术培训学校中退出，加入贵州民间助学促进会，开始了打工子弟教育的经验摸索。

”

乐知园初探

2014 年春，我与助学会的工作伙伴到贵阳的城乡接合部调研。该区域因为房租便宜，吸引了大量外来打工家庭居住，但周边卫生和治安条件都很差，居家环境肮脏混乱。家长文化程度普遍不高，往往忙于生计而无暇陪伴教育孩子。由于外地户籍、超生等问题，这些孩子大多不能进入城市公办学校，只能在民办打工子弟学校上学。学校教室多是租用当地居民的自建房，空间小、采光差。由于收费低，办学经费有限，学校硬件不足，软件更是欠缺。除考试必须科目之外，艺术、科学课教师基本没有。另外，教师收入很低，每年只能领 8 个月工资（寒暑假学校没收入，所以不发工资），也没有社保，以致流动性很大。

我们根据调研情况并借鉴相关经验，设计了一个名为“乐知园”的项目，针对民办打工子弟学校学生基础薄弱的情况，为学生提供免费课外辅导。2014 年 8 月 4 日，“乐知园”开始在云岩区黔新小学试运行。

黔新小学周边环境欠佳，房屋杂乱无章，街道狭窄，污水横流，与贵阳市的老殡仪馆仅一墙之隔，经常听到为逝者做法事的声音。殡仪馆后面的几片老墓地，因为空间宽敞而成为孩子们的玩乐场所。

项目以志愿者补贴的方式，请学校老师承担文化课辅导，一方面为老师增加收入，另一方面也保证辅导稳定持续地开展，而专业性强的阅读、艺术兴趣课教师则从校外招募。为丰富校园生活，帮助学生树立自信心，项目还设计了小比赛、外出表演、公益义卖等文化活动。为配合项目开展，学校将墙壁粉刷一新，看起来整洁有序。我们也协助学校规划宣传品，将

学生的图画装框展览，孩子们看到自己的作品被展出高兴不已。

项目执行过程中我们发现，一些老师虽然文凭不高，但对学生用心负责，深受学生喜欢。然而，很多老师缺乏机会接触新的教育理念，教学的思路和方式都偏单一。为此，我们极力寻找为民办学校老师提供另类教育培训的机会。记得第一次教育培训，有的老师在听课途中不禁潸然落泪，为自己对子女教育所犯的错误而愧疚。这让我们认识到，老师也是为人父母，如果我们提供的学习能让他们更好地教育子女，也可以更好地教育学生。自此之后，乐知园从单一的以学生为中心，转变为双管齐下的为学生和老师提供支持和服务。

同在发展

助学会的主要工作方向是贫困地区的捐资助学，与“乐知园”的长期教育支持工作有较大差异。打工子弟的教育问题，涉及教师成长、家庭教育、环境改善等方方面面，并不是一个乐知园可以统揽的。为更好地推进工作，我们于 2015 年将“乐知园”发展为新机构“贵阳市同在城市扶困融入中心”（简称“同在”），以乐知园为核心，延伸出园丁屋、艺术圆梦、家长课堂等项目。乐知园负责课外辅导及校园文化活动；园丁屋致力于教师能力建设；艺术圆梦重在挖掘艺术特长生；家长课堂则培力家庭教育环境改善。

倾听与陪伴，是同在的诉求。经过一年努力，除艺术圆梦和家长课堂进展不大以外，其他各项工作都获得很好的口碑。辅导课解决了家长无法辅导孩子的难题，让孩子们的成绩有不同程度的提高。同时，项目大大丰富了校园文化活动，除小比赛和演出，我们还组织孩子们去当小志愿者参加公益义卖。教师培训也获得众多老师的认可和青睐。

肯定经验的同时我们也陆续发现问题，包括：阅读课的校外老师不稳定，连续性不强；学校小比赛依靠项目组来设计和组织，人手不足；教师培训的自主性和针对性不强；艺术圆梦专业性太强，不易招募到针对艺术训练的志愿者老师；而孤立的家长课堂，不能促进家长和学校在教育理念上形成共识，未能真正改变学校与家长的沟通方式。

针对一系列的问题，我们尝试做出相应的调整和改变：

阅读课我们放弃了邀请校外专家或作家的方式，而改为请学校老师利用语文辅导课的时间做课外阅读，邀请老师给学生讲故事。不论老师的普通话是否标准，讲演是否生动，只要是听故事，孩子们都欢欣雀跃。有时候需要多节课才能讲完一个故事，学生们兴趣盎然，等不及老师讲就自己跑去阅览室翻书看。

对于小比赛，则将主动权交还学校，由学校主导，我们只是支持配合，参与活动设计讨论，并给予一定经费支持。这样，既解决了我们自己人力不足的问题，也赋予学校更多的自主性，比赛的内容也更加丰富多样。例如，有一所学校自己设计的趣味运动会，不再是学生比赛老师评分，而是将老师和学生组团上阵一起比，让师生共享快乐时光，也促进彼此的情感联结。

对于教师培训，我们尝试自己邀请本土教育专家或团队，有针对性地设计和协作，既保证了时间，也节约了成本。对于外地的教育培训，则有选择性地安排骨干老师参加。通过培训，不少老师会逐渐改变对教育的认知，更关注孩子的感受，更注意交流的方式，课堂上也更注重孩子的参与感。

囿于专业师资问题，艺术圆梦与乐知园艺术辅导课合并，而并不作为独立项目操作。另外，家长课堂与学校家长会合并，我们提供经费支持，并参与学校相关活动的商议，从而减轻学校工作负担。2017 年黔新小学的家长会，我们与老师一起商量会议主题，支持老师通过幻灯片向家长展示孩子们阳光灿烂的校园生活，也从中传播新的教育理念，获得良好的效果。会上没有家长和学生被批评，大家都很愉快。第二天有学生跑来对我们说："老师，我发现爸爸开完家长会后，对我更好了。"

从捐助者到协作者

除工作方式的调整以外，我们还做了一些有趣的尝试，包括校园种菜活动和学校艺术教室的筹建。

2017 年，我们与伙伴团队合作在学校开展校园种菜活动。菜种埋下去后，即成为学生们每天的牵挂。上学后的第一件事不是去放书包，而是跑去看菜种发芽没有。有一个孩子，因为担心同学玩耍时弄坏他的菜，每天一下课就跑到种植箱前守护。种植活动奇妙地增添了孩子们对学校的牵挂，也因此改变了孩子与学校的关系。这让我们明白，制造牵挂，协助孩子建立与世界的联系，非常重要。

另外，黔新小学想筹建专门的艺术教室，希望我们帮忙寻找外部支持。我们和校长商量，可以请孩子们做小手工，通过义卖的方式筹集资金。为此，我们招募了一位手巧的市民，来学校带着老师、学生及家长一起制作手工发饰，再让孩子们带到社区及商场的公益空间进行义卖。活动

一共筹集了600多元钱，用于购买舞蹈排练的地毯以及看电影所需的遮光窗帘，一个小小的艺术教室由此成形。活动让同学自信倍增——原来自己也是有力量的，不是等着被人帮助的弱者。

我们分析，孩子们为什么会喜欢种植和手工义卖？是因为活动能让孩子直观地看见自己行动的结果，这种对于人的价值的认可，远胜过每天对着黑板学习枯燥的知识。

这些尝试和调整，让我们更清晰自己的角色和定位：我们是协助者，不是捐助者。如果不尊重学校和学生的主体性，只是单方面地支持，即便做支教，也只是简单的捐赠，并不能对服务群体所处的环境产生整体的影响。相反，我们需要看见并信任学校和学生的智慧和能力，事实上，很多时候他们会比我们做得更好。

尽管这些工作还只是零星的尝试，尚未深入探索更成熟的方法和模式，但这是一个新方向。我们希望所有的工作设计，都细致考虑如何通过第三方的介入去打破封闭，让人看见更多的可能性，激发出应有的活力，形成良性循环。带着这样的设想和反思，我们继续调整工作方向，往深处扎根。

针对课外辅导对差生无效的情况，我们分析发现，问题不限于学习，涉及众多家庭原因和个体差异因素，课外辅导的效果不大，可能种植、手工、义卖等活动对这些学生更有帮助。所以，我们决定取消乐知园的基础课外辅导，而着力通过提高教师的能力来促进学生成绩的提升。对于阅读课量不够的问题，我们将阅读课由每周一次增加到两次，并从小学延伸到初中，加大力度提高学生的阅读量。关于艺术志愿老师招募难的问题，我们改变思路，鼓励校内有艺术爱好的教师尝试承担艺术辅导课，并逐渐支持他们参加艺术教育培训。家长课堂也继续探索一种家长和老师都能接受的模式，成为学校常规工作的一部分。园丁屋项目也相应作出调整，将重点放在教师经验交流方面，设立激励机制，鼓励教师分享教育故事，协助总结教育经验。

另外，我们也增加初中职业教育的内容。包括举办职业教育讲座，邀请相关教师为学生介绍职业教育；为学生推荐优质的职业学校并指导学生选择；也会邀请虽没有受过高等教育却依然成就非凡的伙伴分享自己的人生经历。同时也进一步探索将种植活动、手工艺品制作等与初中职业教育融合的可能性。

以上的尝试和设想，每一个钻下去都是无底洞，都需要在一个有机的生态中去探寻，也需要特别的切入点。对此我们分析发现，校长是这个群体里最具有凝聚力和影响力的角色，只有让校长获得支持，拥有更大的动力和能量，才能撬动起其他因素。为此，我们考虑设计一个校长成长计划，协助校长梳理思路，增强团队沟通能力、规划能力和管理能力；并打破自身局限以创造更多可能。由于群体的特殊性及资源限制，民办打工子弟学校的学生在考试方面很难与公办学校竞争，但是民办学校却具备公办学校欠缺的开放性，对此，校长会是一个很好的切入点。我们可以通过支持校长的发展，协助民办学校实践有别于应试教育的另类特色教育，丰富教育生态，以凸显其不可替代的价值。

回想同在的三年，困扰与挑战让我们更加知道自己的有限。我们做不了太多大事，只能尽量做好手中的每一件小事，努力为孩子们带来一点好消息，这个好消息，也许只是一个微笑。

刘亚军
贵阳市同在城市扶困融入中心执行长

以身体美学回应残障议题

文 / 张秋玲

“

翟孝伟说：“我们希望我们的舞蹈是美的，我们最大的目标就是用舞蹈展现美，而让大家忽略我们的残疾！”

自小看了很多残障舞者翟孝伟和马丽的表演，但我从来不觉得舞蹈、戏剧这些艺术对于残障社群推动工作有什么意义，无论多精彩的表演，人们的评语永远离不开“身残志坚、励志、感动”这样的标签，其表演背后的含义不被看见，其审美、表演性和艺术感也被对残障身躯的注意力所盖过。我是一名肢残人士，在广州市恭明社会组织发展中心[①]主要负责社群联络和发展的工作，也参与几个残障议题项目。

入职时，恭明中心刚启动一个支持残障社群推动者的项目“合木计划”，后来逐渐深入聚焦。2017 年年初，我们开始了“合意·融合艺术导师培养计划”，旨在用艺术赋能残障工作者，并把艺术手法应用到社会服务实践，促进不同群体之间的相互理解和支持。参与这个项目的过程，让我有机会重新理解艺术于残障社群推动工作的作用和意义。

”

① 广州市恭明社会组织发展中心：由中山大学社会学与人类学学院公民与社会发展研究中心发展而来，并于 2012 年在广州市民政局正式注册，是一家以人为本，专注于以有效和创新的手法，为草根群体及其自组织充权和赋能，以及进行公共教育和行业推动的支持性公益机构。

共生舞：从建设内在世界到建立外部联系

释文，一个典型的被艺术赋能、从处处要家人照顾到离家生活、独立行动的残障伙伴的例子。

释文在 16 岁时患上类风湿，导致全身关节严重损坏、变形，瘫痪了近 8 年，经过 2013 年年底的一次手术后，才终于可以拄杖行走，虽然四肢依旧非常不灵活。

2016 年年底，释文报名参加了我们艺术节的“应用戏剧”工作坊，当时她还拄着四脚助行器，行走非常缓慢。工作坊最后一场戏剧演出，释文是故事的主角“月亮”。在排练的过程中，她会刻意抛弃辅助，尽量展现一个不那么残障的形象，其他演员也会助力她，帮忙把助行器放到一边。但艺术节演出当天，她却重新拾起辅具上台表演。在观众看来，她还是原来的她，但在释文内心，她对自己的身体认知已经发生了很大的转变。

“就像月亮，每个人都有自己的阴晴圆缺”，工作坊过后，这句话深深地印在她的脑海里。可见，为期 3 天的工作坊生活在她心里已经埋下了种子。

2017 年年初，我邀请她来参加“合意·融合艺术导师培养计划”，学习共生舞的艺术手法。她犹豫了很久，想了很多不来的理由。对她来说，离家独自出来进行大半年长时间的学习，将要面对很多的未知和困难，心里难免有顾虑甚至恐惧。但是，心里那颗种子已经发芽，她最后还是鼓起勇气，离开了家。

“我当初是带着疑问来的”，释文说，“我很想知道，像我这样四肢都不灵活的人，怎么跳舞？”这个疑虑在共生舞工作坊第一天就被打消了。共生舞没有既定的节奏或舞步，一切由舞者自主决定，心随舞动，没有对错。“我试着动了两下，意识到原来自己也能跳舞，这种感觉很强烈。”很快她就和舞者们围成一圈，毫无隔阂地共舞。以前，释文总觉得自己和普通人区别很大，所以会自卑。共生舞慢慢让她打开且觉察自己的身体，并与他人有所接触，这些过程，都在慢慢建立她对于身体的认同，提升她的自信与自主力。

后来在共生舞研修营中，通过导师的指导，释文还尝试了很多她过去不敢想象或认为不可能的动作，有些在旁人看来都捏一把汗。在她看来，“我会尽可能地保护好自己，我只是在一点点挣脱思想和身体的束缚，还自己一份自由而已。”身边的人，包括释文自己，都觉得好像变了个人，走路也轻快了很多。释文希望以后能为病友开展共生舞工作坊，让他们也得到同样的成长和收获。

一点一点地，她开始实现自己的梦想。2017年9月，她正式以项目实习生的身份来到恭明中心工作，并在附近租了一个小房子独自居住，开始自立生活。“共生舞嘛，我手脚不方便，恐怕以后很难带工作坊”，刚参加工作坊的时候她是这么说的。然而，实习短短两个月，她已经参与协作了10多个工作坊，最近还顺利地作为主要导师带领了一个工作坊。

虽然我自己也是从这么一个过程走过来的，但释文的故事让我从旁观者的角度更清晰地看到一位自卑残障者的成长与转变之路。在共生舞的过程中，释文逐渐解放自己的身体，重新认知自己的能力、自己和外界的关系，并将她在艺术中构建的新活法传递给更多的人。

肢体剧：美的特别视角

受2016年艺术节的一位合作导师邀请，我参与了一个肢体剧的创作演出，和其他演员一起参加了2017年“广州青年非职业戏剧节比赛”。

虽然有共生舞的基础，但通过展现自己的身体面对公众作表达、以身体美学回应对身体缺陷的偏见，对我来说还是需要一些勇气。而且，肢体剧和我所熟悉的共生舞也有很大区别：共生舞是在一个相对宽松、可以自由发挥的场域中进行，对于动作和肢体没有技术性或统一性的要求，加上有许多不同能力人士一起共舞，成为焦点的压力小很多。而肢体剧对身体控制的要求很高，对柔韧度与力量的锻炼也必不可少。在这个肢体剧里，除了我和另一位患小儿麻痹的朋友以外，其他演员都是非残障且相对资深的戏剧工作者，为此，我难免感觉有压力。而且，第一次接触“广州话剧艺术中心非职业剧场”这个戏剧圈子，多少也有些陌生。但转念一想，这将是残障议题首次在这个平台呈现，通过这个比较多人关注的平台，让更多人看见残障人士的身影、了解残障议题，不失为一件好事，而我自己也期待借着参与这个肢体剧进一步探索身体的更多可能性。慎重考虑后，我决定报名参加。

每次肢体工作坊开始之前，演员们都会在导演的带领下做一系列体能训练。刚开始，许多步骤对于只有右边手脚的我来说，似乎都不可能完成。但每一个步骤，导演都耐心带我去尝试，“这样你能做到吗？”“可以做到。”“这样做会危险吗？”“不会。”……通过不断的交流和尝试，我们探索出适合我的锻炼方式，如怎样才能做俯卧撑这类需要双臂的动作呢，导演想到让我坐在椅子上从下往上抬举哑铃，实现和其他人同等强度的锻炼。后来交流中我们又发现“侧身版单手俯卧撑”的锻炼方式，导演让我尝试侧着身体单手撑地，身体俯下去时尽可能低，把身体的重量都压在右手上，起来时有意识地尽量不要用腰部的力气，“呼气……吸气……”虽是侧身版，但也能通过改变手与身体间的打开程度，达到窄距俯卧撑和宽距俯卧撑的效果。

这是我有生以来，第一次体验真正意义上的运动及其快乐，也让我分明感觉到自己的身体所受束缚之深。从小到大，无论是在学校里还是日常生活中，这种身体的锻炼或运动，会被默认与我无关。但这次肢体工作坊证明了，不同的身体也是可以锻炼和运动的，只是需要变换一下方式而已。例如，所谓的俯卧撑，也不过是锻炼某些肌肉群的一种路径，只要懂得肌肉运动的原理，换个路径去走，也一样可以达到。

在社会生活中，我们太习惯于按照统一标准行事，固化了思维模式，而遗忘了事情原本的意义和目的。人们总觉得要能做到这项运动才能锻炼，做不到具体要求就不能锻炼了。但运动本身其实是为了让人锻炼身体，为何不反过来想，如何变换方式以达到锻炼的目的？换一个更常见的例子，学校没有电梯所以使用轮椅的学生不能就学，但学校的目的不是让人接受教育吗，为何不想方设法让学生顺利上学呢？许多问题，归根结底都是人们对于事情本质的理解问题。参与这个肢体剧，让我亲身体验了一次打破标准、以人为本去探索合适路径从而达到目标的过程。

除欣然发现戏剧丰富的表现形式非常有益于残障议题的呈现以外，我更是惊喜地发现“障碍美学”这片新内地。在这个肢体剧里，开头部分是每个演员轮流进入一个更衣室照镜子，欣赏

自己最喜欢的身体部位，并企图掩盖最不喜欢的身体部位，然后在末尾部分，我们再自信地把喜欢和不喜欢的身体部位同时展示给观众。我选的“最不喜欢的部位”是我的左手残肢，我享受在剧的结尾时自信地展现它的感觉。在排练时，导演提议展现的时候可以让残肢动起来，用它跟观众打招呼，让这部分展示得更明显。同理，在这个剧的表演过程中，有一个设计是：前半部分我是穿戴着左下义肢的，而后半部分就把义肢脱掉，以单手单腿的形象继续演出。包括其中一幕，我与其他演员一起在舞台上慢走和疾走，我的跳动与其他演员的行走方式会有强烈的对比，但我和他们一样，只是扮演那一幕中主角躲避的路人甲。这些都是我自己同意的，但也是导演有意而为的。这让我想起曾带我们做舞蹈创作的共生舞导师，也鼓励我增强突显身体残缺部位的意识，也倾向于让我不穿义肢来表演，当我独舞的时候，舞伴也在旁边做着试图抓取我“隐形的手和脚”的夸张动作。

不穿戴义肢、以单手单腿的形象在舞台上表演，相信已经很刺激观众眼球，我们却偏偏还要做更突显它的动作。显然，艺术家已经把我身体的独特性和生命经验视为一种宝贵的价值。相比那种将动作协调、躯体完美健康视为美的标准，这样的审美品位更前卫、更富创造性。正因为传统对于身体和社会的“完美”观念，导致人们对“残疾”反感、远离，而在艺术中将残障作为美的特别视角，正是对传统观念的冲击和回应。

现在释文和我都在定期参与这些融合艺术，排练、舞会、演出等，也在把我们所学的分享给更多残障伙伴，呈现给更多公众朋友。我们看到，无论是共生舞还是肢体剧，或是其他艺术形式，与“残障”结合都能产生不一样的效果。相信越来越多的人能通过它重新理解身体、理解“能”与“不能”，而不再只有“身残志坚、励志、感动”这样的感受。在参与融合艺术的过程中，我们自己也在不断深化对自我、人、关系、社会的理解和认知。作为残障社群推动者，我们被艺术赋能的同时，也在学习和掌握一门社群工作的手法与技能，一方面，用它支持更多的社群伙伴成长；另一方面，也是从身体、行动出发推动公众教育和社会倡导。

张秋玲
广州市恭明社会组织发展中心项目专员
残障社群辅导员

解读 | **书影推介**

树是了不起的生命

——为什么要读《树的秘密生活》[1]？

文/颜炯

很久没有这样的幸福感了，一本书读完，感觉生命受到滋养！

能够让我在阅读中产生幸福感的书，如果是讲述科学发现，那么优美的文字、平易近人而简洁深邃的科学原理和事实是我打开一本书读下去的必需条件。在日常工作中，我们常常没有挑选的权利，被迫看许多枯燥且生涩的表述，有时，这真是一种痛苦的折磨——虽然，确实有一些学术论文和研究报告也写得引人入胜，但的确不代表普遍现象！在能够自由选择的阅读时光里，我一定把眼睛和心灵留给有趣、优美又有愉快的智力挑战的著作。是的，文学性、科学性和可读性，是我看科学类著作的优先标准——我不使用"科普著作"的称呼，因为觉得大众似乎对"科普"有一种误解和贬低。在我看来，科学著作要能够让大众"悦读"下去，对问题理解的透彻性和对写作功力的考验非同一般，毕竟，把道理写到一般人都不懂或读不下去，其实没有那么困难。

① 科林·塔奇．树的秘密生活[M]．姚玉枝、彭文、张海云，译．北京：商务印书馆，2015.

几个小时前，合上书页，看着眼前莽莽苍苍的山林，心里有一种震撼：树，森林，这是多么了不起的生命！过去这些年，我和其他许多人一样，喜欢大树，亲近森林，无知而懵懂地享受树和森林给我们的福利，只是出于本能在亲近和感激树，毕竟，我们的祖先曾长久地生活在树上。读完四百多页的《树的秘密生活》，再看走过的树和森林：原来，每天许多许多视而不见的秘密，有这么多生命的奇迹在夜以继日地发生和上演！

森林，是比人类要“资深”许多的地球前辈！如果你相信，树有“树格”——嗯，我就是这样相信的，那么，沉默而仁慈，智慧而顽强，就是我对“树格”的理解。几年前，曾有重病的经历，住院时，在那个永远人流如织的医院里，居然有一个小小的花园，走进去，感觉世界慢慢静下来，绿色的枝条，奇妙地让咫尺之外的喧嚣沉淀。花园中有一棵大树，枝丫上挂满了红布条，每次站在树旁，看着密密匝匝的布条，很是唏嘘：这棵树，就像是医院里的庙宇或教堂，承载了多少绝望心灵的寄托与祈福！人在脆弱时，对强韧的生命格外敏感。树之寿，树之格，一棵大树葳蕤繁茂的生命力量，也只有在医院这样特殊的场所，才会被忙碌的都市人感知和走近……

我在西北的一个小县城里长大。幸运的是，在一个极为干旱贫苦的地方，我的童年，也有大树作伴。每天傍晚，院子的花园里有若干棵高耸入云的松树——在我童年的眼睛里，那些大树是高耸入云的。旁边还有各种苹果树，以及长成树的牡丹，夏天的傍晚，树里不知藏着多少鸟，只记得每天晚上鸟的鸣叫是名副其实的大合唱。那些树，就是我童年的圣殿！因为这些树和这样一个花园，虽然在号称全国最干旱、最贫穷的地方长大，我从来都觉得童年是快乐而丰富的。我一直认为，人的成长，尤其在童年，心灵的丰富、性情的滋养是一生受益的财富。拥有大树朋友，甚至是一片小森林的孩子，是非常幸运的，因为你和树建立了一生的联结，无论在低谷挫折时，或是脆弱病痛时，抑或疲惫倦怠时，走入森林，树都会接纳和陪伴你——看，在树面前，我们总是索取的那个！

每棵树都应该有名字

每棵树，都像一个人，是独一无二的。

在《树的秘密生活》里，提到了两棵有名字的树：一棵在新西兰，名叫“唐尼·马胡塔”的贝壳衫，900 多岁了；另一棵是叫“布尔树”的巨型美洲杉，大约有 3000 多岁。我觉得这真是极棒的主意，不仅是这些古老的树，每棵树都该有个自己的名字，因为，每棵树都是那么独一无二！我们每个人有自己的名字，我们肯定不满足于被划分为：地球人界—亚洲人门—东亚人纲—中国人目—四川人科—成都人属等（借用植物的分类系统）。我们知道，你是王红，她是刘梅，这是不可替代的名称和标记，每个人都是独一无二的存在。树也是如此啊！每棵树都有自己的模样、性情，记录着自己独特的环境信息和岁月密码：它所经历的阳光、降雨、温度的变化、地势的凹凸、病毒的威胁、寄生虫的入侵，所有的变化都在树上留下属于它的生命记录和痕迹。当你再次走近一棵树，请仔细小心地读它，它是一棵怎样的树呢？它经历了什么？它有什么样的特点？然后，请给它一个名字，记录它的不一样！

不仅每棵树都是独一无二的，而且，同一棵树在不同的时间和状态里，也是有不一样的表情的。这不仅是说一年四季树的样子不一样，而是，当你在白天和晚上、艳阳天和阴雨天，不同季节不同时间去看同一棵树，它们真的是不一样的！晚上看树，在路灯的光晕里，在蓝黑色的天幕下，树叶和枝条忽然就呈现出不一样的温柔和韵律。当颜色褪去，只有形状、排列和动作交织，请你去仔细看看，你眼前的树有怎样的表情？

看到树我最开心的时候，一是春天嫩芽疯长，一是雨后绽放。春天枝头的新叶生长有一种恣意的快乐，枝头仿佛有叽叽喳喳的热闹，一两天功夫，叶子从尖尖的、毛茸茸的小芽忽然就铺满枝头，新鲜、热烈、带着活泼泼的快乐张望这个世界，那样肆无忌惮的生命力，让你想去拥抱整个世界！落满灰尘的树，表情是灰色的、黯淡的，美人蒙尘，倍感羞辱啊！暴雨或连日阴雨后的树，洗去落满全身的灰尘与污浊，叶子闪闪的、油亮的，你似乎能听到大树快乐地歌唱。大

雨洗礼后的树，仿佛脱去一层枷锁，有一种潮湿又新鲜的气味，虽是风雨后，但树的姿态、枝条的摇曳和树叶的神采都不一样了，大树终于觉得可以亭亭玉立地展露自己了。快乐的大树，会带给你很不一样的能量和心情。记得几年前看过一位德国摄影家的作品，他每天必做的一件事是给上班路上遇见的一棵树拍照。真的很奇妙，一棵树每天会有特别不一样的表情和气场——树和它旁边的人们，每一天都在合作一场流动的戏剧。

树的生存智慧

树利万物，但要争。不过，树的争，不以伤害和剥夺为目的！

树的一生饱受各种攻击，从一颗种子开始到生命的结束，需要面对捕食者（各种食草动物）、寄生虫（昆虫、细菌、真菌和病毒）、自然灾害和其他植物（如附生植物）等。一棵树要长大，要足够幸运，也要足够聪明和顽强！森林树木出现在地球上距今3亿年左右，3亿年的历程里，树积累了怎样的生存智慧呢？

共生与互助：长久以来，我们对进化论的理解是“物竞天择、适者生存、优胜劣汰、弱肉强食”，其实这只是自然界进化合唱中的一个声部，甚至也只是进化论发现的一部分。进化假说的一个来源是互助论，也是达尔文首先提出的。但不知为什么，人类过分强调竞争和淘汰，完全无视共生与互助，最终用前者完全代表了进化论。如果不是读了这本书，我还不知道互助论是进化论的一部分，多可怕的谬误！

树的共生互助的生存智慧，核心在于双赢或多赢。这是长久维持合作关系最稳定的基础。让我肃然起敬的是树木为了双赢，为了吸引合作者而发展出的犒赏机制：最早的互助合作可以追溯到植物与真菌组成共生体，携手登上陆地。今天，依然有多种树与真菌相依为命，以根瘤、菌根等形式互惠互利：树为细菌提供有机物，细菌回报以可溶解的氮。

在书中，给我印象最深刻的共生互助的例子是树与授粉动物的合作，堪称共同进化的典范。不同种类的树与不同种类的授粉者发展出特定的互助关系。为了取悦授粉者，树为授粉者提供“量身定做的美食”——花蜜。为了合作，树要付出双倍的代价，为自身的繁殖制造花粉与胚珠，以及用于吸引昆虫着陆的花瓣和萼片等辅助工具。授粉者会吃掉很多花粉，所以，另一份是为了犒赏授粉者的。有些树，如亚马逊番荔枝，在花粉和花蜜之外，还发展出特殊的诱惑来吸引甲壳虫传粉：温度。每到夜晚，花朵开始升温，达到6摄氏度以上，诱使甲壳虫来过夜。花朵有着极为精妙的设计来允许心仪的昆虫进来，诱导甲壳虫完成授粉的过程。情节跌宕起伏，令人神驰！

可以想见，在3亿年的进程中，树与授粉者彼此依赖，但它们之间并不总是和谐友爱的旋律，欺诈也会发生，在互助合作又斗智斗勇的过程中，双方共同进化，合作与依赖方式也在不断改变。其中堪称完美的例子是无花果与黄蜂：无花果的种类超过750个，每一种无花果都有与其共生的一种黄蜂。所有的无花果与所有的黄蜂，都有着共同的祖先：黄蜂与它所授粉的无花果共同进化，发展出丰富的多样性和精妙的匹配，成为双赢的典范。当然，进化历程中，也会发生“双方频频出招诱使对方上当”，而寄生虫的加入则使情节更加错综复杂和难以预测。书的第13章细细地讲述了这个故事，情节曲折，出人意料，不亚于惊心动魄的大片！

在互助与合作中，我们看到的是树慷慨的一面，为授粉者提供的种种甘甜与肥美。而树在日常中，则以各种形式做到最大限度的节约。树的慷慨，一是为了生命的繁衍，二是为了应对生存威胁，下面要说的，就是树的生存智慧之二：忍耐与进化。

忍耐与进化：树有着了不起的忍耐力，并善于把自己所面对的艰难挑战与恶劣环境，在长久坚忍不拔的适应中，转变为独特的生存条件。把挑战和劣势转化成自己的生存条件，真是让人惭愧的智慧和能力。“从捕食者的觊觎中受益”，这是单子叶植物应对食草动物威胁的策略，最幼嫩的叶在底部，最老的在顶部，枝叶在啃食后会照旧长大，甚至，啃食有助于树的推陈出新，就像草的生长策略一样。

火是森林的大劫难，但是北美洲有一些树种，却发展出特殊的装备，没有火，这些树种反而难以繁衍！北美红杉和很多松树的球果如果不经过林火的烘烤，包裹其中的种子就不会掉出来。巨杉“对火灾也有极强的适应能力，通常只有在大火过后才繁衍后代”。短叶松更是其中的佼佼者，进化出几种特殊装备，当火灾发生时，它会诱导火迅速在表面燃烧，从而实现自我修剪，这样的火势持续时间短，破坏程度低。一棵树居然有操纵火的智慧，领悟到这一点时我不禁击节赞叹！短叶松的种子对于火的适应“绝无仅有，令人难忘”。松果包裹在树脂胶的壳里，直到火灾发生，50 摄氏度的热度融化了树脂胶，松果才会打开。火清理了地面所有敌对的有机物质，创造出短叶松正好需要的条件！幼苗在别的树种难以忍受的干燥土壤里生长，不仅可以忍耐长达一个多月的干旱，还可以忍受温度骤降。树脂胶还有一系列精妙的设计，确保种子的存活与正确的打开时间，这些秘密我就不揭露了，留待有心人去书里发现。短叶松的装备，“不仅抵御火灾，而且变得依赖火，没有火就不能繁殖”。短叶松的生存之道，正是树的忍耐和利用精神的典型代表。

树的一生伴随着疾病和寄生虫的威胁，这是树慷慨地使用自身资源的重要出处。树与授粉者的互助与合作促成双方的共同进化，而树与寄生虫的军备竞赛也同样促使双方不断进化。自然是多么让人眼花缭乱！树为了对抗寄生虫的侵略，绞尽脑汁设计出不同的方法为难寄生虫，如刺和棘、厚厚的蜡质，以及一系列的次级代谢产物，简而言之，就是树分泌的毒素，如单宁素、印楝素、柠檬柑、皂角苷等。所有的“武器”都需要耗费很多能量才能制造出来，树极为谨慎地计划和安排资源的分配，尽力做到最大限度的节俭。例如，低处树枝上会有刺而高处就没有；当树皮被甲壳虫袭击时，树立即启动防御机制，多制造次级代谢物如单宁素来“严阵以待”。

树在漫长的生命史中，一代又一代，积累了许多让人惊叹的生存智慧，当然不只共生与合作、忍耐与进化。我所看到的只是我的体会，每个人读了以后都会有自己的领悟和体会。

孩子的视角

阅读《树的秘密生活》的过程，很享受的一点就是重新回到一个孩子的视角，用天真的眼光去思考和发问。当我是一个孩子时，我很乐于为树起名字，因为，那是我游戏的伙伴，怎么能把它只看成是一棵树呢！事实也是如此，树，真的不仅仅是一棵成人眼中的树！

科林・塔奇[①]带我们走进树的秘密生活，也是从孩子的提问方式开始的：什么是一棵树？树是怎样长大的？它为什么可以一直长高而不倒下？这些天真的问题和引人入胜的答案，构成书的第一部分。第二部分呈现给我们的，是世界上所有的树：杰出的开拓者针叶树，有着巨大根系和超强抗拉强度的棕榈树，让植物学家纠结于是树还是草的香蕉树，与人类发展密切交织在一起的橡胶树，神奇的红树林，生命力极强的金合欢树，“忧郁、坚强而出众的桦树”，优点与缺点同样突出的桉树，像童话一样神奇的猴面包树……第二部分把树介绍给我们，当然是依照树木的分类以井井有条的方式来组织。你会发现，原来觉得风马牛不相及的树居然同属一个家族，如柑橘、柠檬和枫树同属无患子目，而茶树、柿树、巴西坚果树和橡胶树同属欧石楠目。看到这里，你是不是更能理解，为什么每棵树都应该有自己的名字。书的第三部分，从略显枯燥的树种介绍，重新回到孩子的提问方式：树是怎样生活的？为什么这些树会生活在这里，而那些树生活在那里？树的生活，是战争还是和平？单看这些问题，你会不会和我一样，有迫不及待读下去的冲动。第四部分，跳回到一个成人的沉重眼光，

① 科林・塔奇（Colin Tudge）：1965 年毕业于剑桥大学动物学系，先后在英国《世界医药》《农场主周刊》等科学期刊担任记者编辑，并涉足广播和电视科技报道，为英国广播公司（BBC）策划和主持科学节目。1990 年开始成为自由撰稿人，全心写作，先后出版过近 10 本著作。

展示人类带给树的艰难时世。是的，正在发生的气候变暖和极端天气，是树在 3 亿年的生命史里前所未有的遭遇和改变，最糟糕的是，改变发生得如此迅捷，即使机变灵活坚韧如树，也可能来不及做好准备！我最喜欢阅读第一部分、第三部分和第四部分。第四部分虽然让人心情沉重，但是作者从树的角度去看问题，主张建立一个以树为中心的世界的观点让人激动。我喜欢这本书的一个原因，就是作者表达的反省与谦逊，从人的角度去反省我们的错误与偏见，去传递这样的反思：我们需要对树怀有敬意，向树学习，“我们可以围绕着树，以一种睿智的方式调整这个世界的经济结构”。

“在自然界中，生命的存在极具竞争性：成千上万喧闹蓬勃的生命会经历相同的生长过程，多数生命的存在是以牺牲其他生命为代价的。但同时生物之间也是相互依存、相互合作的。树木都是胜任的竞争者，但它们也是这个世界里的模范合作者，为了生存，与包括细菌和真菌在内的数目繁多的物种形成巨大的相互作用的关系网。这个关系网养活了许许多多的生物，在树木不同的繁殖阶段，为它们提供了相应的帮助。……树木肯定不能像动物那样思维，尽管如此，它们却会精心妥善地安排身边的生物。森林之所以被称之为森林是因为树木的存在，而不是生活在其中的树獭、巨嘴鸟、松鼠或黑猩猩。”这是书中我最喜欢的段落之一，用它来作为读书分享的结语。

你是否愿意走进树的世界——妙趣横生又波澜壮阔的生命旅程？

颜 炯
四川大学环境科学与工程系讲师